Advanced CO₂ Capture Technologies
Absorption, Adsorption,
and Membrane Separation Methods

先进CO₂捕集技术
——吸收、吸附及膜分离方法

[日]
中尾真一（Shin-ichi Nakao）
余语克则（Katsunori Yogo）
后藤和也（Kazuya Goto）   著
甲斐照彦（Teruhiko Kai）
山田秀尚（Hidetaka Yamada）

吕 丽 译

国防工业出版社

·北京·

著作权合同登记号　图字:01-2024-0704 号

First published in English under the title:Advanced CO$_2$ Capture Technologies:Absorption, Adsorption, and Membrane Separation Methods by Shin-ichi Nakao, Katsunori Yogo, Kazuya Goto, Teruhiko Kai and Hidetake Yanada, edition:1 Copyright © The Author(s), under exclusive licence to Springer Nature Switzerland AG, 2019. This edition has been translated and published under licence from Springer Nature Switzerland AG. Springer Nature Switzerland AG takes no resposibility and shall not be made liable for the accuracy of the translation.

图书在版编目(CIP)数据

先进 CO$_2$ 捕集技术:吸收、吸附及膜分离方法/(日)中尾真一等著;吕丽译. —北京:国防工业出版社, 2024.4

书名原文:Advanced CO$_2$ Capture Technologies-Absorption, Adsorption and Membrane Separation Methods

ISBN 978-7-118-13260-1

Ⅰ.①先… Ⅱ.①中… ②吕… Ⅲ.①二氧化碳—收集 Ⅳ.①X701.7

中国国家版本馆 CIP 数据核字(2024)第 064713 号

※

国防工业出版社出版发行
(北京市海淀区紫竹院南路 23 号　邮政编码 100048)
北京虎彩文化传播有限公司印刷
新华书店经售
*
开本 710×1000　1/16　印张 7¾　字数 134 千字
2024 年 4 月第 1 版第 1 次印刷　印数 1—1200 册　定价 88.00 元

(本书如有印装错误,我社负责调换)

国防书店:(010)88540777　　书店传真:(010)88540776
发行业务:(010)88540717　　发行传真:(010)88540762

译者序 >>>

为了限制全球气温升高,世界各国都在积极努力控制CO_2排放。CO_2捕集、利用与储存技术(CCUS)是CO_2捕集、运输及再利用或安全封存的技术组合,是当前全球公认的最有效的减碳技术手段。CO_2捕集是碳捕获与储存(CCS)的第一步。根据捕集机理的不同,CO_2捕集技术可以分为化学吸收、物理吸收、物理吸附、膜分离、深冷分离等。由于所利用的捕集原理不同,各种捕集技术的性能特点也各不相同,因此适用场合也有所差别。

本书的作者中尾真一、余语克则、后藤和也、甲斐照彦、山田秀尚均为日本地球环境产业技术研究所教授,其中中尾真一教授是日本工程院院士。他们长期从事CO_2捕集材料和技术的研究工作,在CO_2捕集技术领域有开拓性的建树。本书从基础理论到实际应用,全面介绍了CO_2捕集技术,涵盖了化学机理、吸收和吸附材料、捕集技术、技术应用等方面。第1章介绍了CO_2捕集技术在限制全球气温升高方面的重要性,第2章介绍了胺基材料捕集CO_2的化学过程和机理,第3~5章依次介绍了吸收、吸附和膜分离技术。本书对于研究者快速了解和掌握CO_2捕集技术全貌大有益处,既可用作化学、化工、环境等相关专业的研究生教材,也可作为相关科研人员很好的参考书。

本书尽可能按照原书直译,但为遵循汉语的表达习惯,部分段落在语序上进行了调整,以便读者阅读。同时,对于专业词汇尽量避免音译。为了保持图表及其数据的准确性,图表仍然沿用原版的计量单位。

特别感谢国防科技创新特区及主题组首席专家白书欣教授、天津工业大学桂建舟教授、军事科学院防化研究院王曼琳高级工程师的无私指导。感谢课题组王春来同志的帮助,他参与了第 1~3 章的翻译。

感谢国防工业出版社及军事科学院防化研究院机关对本书出版的鼎力支持。由于译者水平有限,可能存在翻译不准确的地方,欢迎读者提出宝贵意见。

译者

2023 年 6 月

目 录

第1章　引言 ························· 1

1.1 《巴黎协定》 ······················ 1

1.2 CO_2 捕集与储存 ················· 2

1.3 CO_2 捕集方法 ··················· 3

参考文献 ··························· 3

第2章　胺法捕集 CO_2 的化学原理 ········· 4

2.1 CO_2 捕集用胺类材料 ·············· 4

2.2 胺的分类 ······················· 6

2.3 沸点和黏度 ····················· 7

2.4 活度和浓度 ····················· 9

2.5 胺的碱度 ······················· 9

2.5.1 碱的定义 ··················· 9

2.5.2 胺的酸度系数 ················ 10

2.5.3 CO_2 在胺和水中的溶解度 ······· 11

2.6 氨基甲酸酯和碳酸氢盐的形成 ········· 12

V

2.6.1 氨基甲酸酯的稳定性 ……………………………………… 13

2.6.2 氨基甲酸酯与碳酸氢盐的比例 ……………………………… 15

2.6.3 氨基甲酸酯和碳酸氢盐形成动力学 ………………………… 16

2.7 胺与 CO_2 反应生成的其他物质 ………………………………… 18

2.7.1 氨基甲酸 …………………………………………………… 18

2.7.2 烷基碳酸酯 ………………………………………………… 19

2.8 胺与 CO_2 反应机理 ……………………………………………… 19

2.8.1 两性离子机理 ……………………………………………… 20

2.8.2 氨基甲酸机理 ……………………………………………… 21

2.8.3 单步三分子反应机理 ……………………………………… 21

2.8.4 碱催化水合作用 …………………………………………… 22

2.8.5 氨基甲酸酯和碳酸氢盐的相互转化 ………………………… 24

2.9 反应场的影响 ………………………………………………………… 25

2.10 小结 …………………………………………………………………… 27

参考文献 ………………………………………………………………………… 28

第3章 CO_2 吸收捕集技术 …………………………………………… 32

3.1 吸收法 ………………………………………………………………… 32

3.1.1 物理吸收法 ………………………………………………… 32

3.1.2 化学吸收法 ………………………………………………… 33

3.2 化学吸收工艺过程 …………………………………………………… 34

3.2.1 常压气体(燃烧后 CO_2 捕集) …………………………… 34

3.2.2 加压气体(燃烧前 CO_2 捕集) …………………………… 35

3.3 CO_2 捕集与储存技术中的 CO_2 捕集 ·················· 36

   3.3.1 电力部门 ··· 38

   3.3.2 工业部门 ··· 39

3.4 研究与开发 ··· 39

3.5 前沿技术 ··· 40

   3.5.1 新型溶剂的开发 ·· 40

   3.5.2 实验室阶段结果 ·· 47

   3.5.3 扩大规模与应用示范 ·· 50

   3.5.4 效果 ·· 50

3.6 新研究方向的探索 ··· 52

   3.6.1 高压可再生化学吸收法 ······································· 53

   3.6.2 新型高压可再生吸收剂 ······································· 54

3.7 小结 ··· 56

参考文献 ··· 57

第4章 CO_2 吸附捕集技术 ·················· 60

4.1 吸附分离法概述 ·· 60

   4.1.1 简介 ·· 60

   4.1.2 吸附分离法 ·· 60

   4.1.3 基于物理吸附法的 CO_2 分离回收技术 ··················· 64

4.2 基于化学吸附法的介孔材料 CO_2 分离回收技术 ················ 68

4.3 CO_2 吸附分离法的研究进展 ·· 71

4.4 日本地球环境产业技术研究所开发的新型 CO_2 吸附分离技术 ··· 73

  4.4.1 胺接枝介孔二氧化硅 ·· 73

  4.4.2 胺浸渍固体吸附剂 ·· 76

 4.5 小结 ··· 81

 参考文献 ·· 82

第5章 CO_2膜分离技术 ·· 89

 5.1 CO_2分离膜 ·· 89

  5.1.1 高分子膜 ·· 90

  5.1.2 无机膜 ·· 91

  5.1.3 离子液体膜 ·· 92

  5.1.4 促进传递膜 ·· 92

 5.2 分子门膜的研发 ··· 93

  5.2.1 用于去除烟气中CO_2的基于原位涂覆法的商用树枝状

     复合膜组件 ·· 95

  5.2.2 用于IGCC脱CO_2的聚酰胺胺型树枝状分子/聚合物

     杂化膜组件 ·· 99

 5.3 从IGCC工厂中脱除CO_2的研发项目 ························ 102

  5.3.1 膜的制备 ·· 102

  5.3.2 膜的气体渗透性 ·· 103

  5.3.3 膜元件的制备 ·· 110

 5.4 小结 ·· 111

 参考文献 ··· 112

第 1 章
引 言

1.1 《巴黎协定》

《巴黎协定》是《联合国气候变化框架公约》(The United Nations Framework Convention on Climate Change, UNFCCC)内的一项协议,于 2015 年 12 月通过,并于 2016 年 11 月生效。其中心目标是把全球平均气温较工业化前上升幅度控制在 2℃之内,并努力把温度上升幅度控制在 1.5℃以内,从而加强全球应对气候变化威胁的能力。

联合国政府间气候变化专门委员会(The Intergovernmental Panel on Climate Change, IPCC)主要负责对气候变化相关科学进行评估并提供科学依据,是《气候公约》《京都议定书》和《巴黎协定》缔约方的科学信息和技术指导的来源。根据《巴黎协定》,IPCC 批准了《全球变暖升温 1.5℃特别报告》,并于 2018 年 10 月发布[1]。

该报告指出：

据估计，人类活动导致的全球变暖超过了工业化前约 1.0℃，范围可能在 0.8~1.2℃ 之间。如果全球变暖继续以目前的速度增长，2030—2052 年间，全球变暖可能会达到 1.5℃。

1.2 CO_2 捕集与储存

《全球变暖升温 1.5℃ 特别报告》发现，将全球变暖限制在 1.5℃ 并非不可能，这需要全球能源和工业系统的紧急转型。报告特别指出，对于将全球变暖限制在 1.5~2℃ 的能源途径，除了可再生能源（这是最重要的途径）外，CO_2 捕集与储存（CO_2 capture and storage，CCS）仍然是一项不可或缺的技术。然而，未来 CCS 的部署存在不确定性：

CCS 是大多数缓解途径中非常重要的一项，但该技术目前改进速度缓慢，是否大规模部署 CCS 取决于现阶段技术的发展。

CCS 技术不仅包括从发电厂、炼钢厂、水泥厂和工厂等排放源的化石燃料燃烧过程中捕集 CO_2，还包括将捕集的 CO_2 储存在地质层中[2]。由于从排放源中捕集 CO_2 费用占整个 CCS 成本的大部分，因此，降低捕集成本对于实现 CCS 的应用非常重要。在此背景下，开发先进的 CO_2 捕集技术成为 CCS 发展的当务之急。

1.3 CO_2捕集方法

由于CO_2源的排放规模、浓度、压力等不同,采用的最佳CO_2捕集工艺也不同,因此需要多种捕集方法。CO_2捕集技术主要包括三种方法:吸收法、吸附法和膜分离法。本书在第2章介绍基本化学性质后,在第3~5章依次介绍了吸收、吸附和膜分离技术。在此也报道了作者正在开发的先进CO_2捕集技术(日本地球环境产业技术研究所RITE[3])。它为对CO_2问题感兴趣的研究人员、教师和学生提供了宝贵的参考资料,为如何有效地从各种类型的气体中捕集CO_2提供了重要信息。书中还讨论了应用于大规模排放源的最新技术,从业者和学者也会很感兴趣。

参考文献

[1] IPCC(2018) Special report on global warming of 1.5℃.

[2] IPCC(2005) Special report on carbon dioxide capture and storage.

[3] RITE(Research Institute of Innovative Technology for the Earth).www.rite.of.jp/en/.

第 2 章
胺法捕集 CO_2 的化学原理

2.1 CO_2 捕集用胺类材料

胺是含有一个或多个氮原子的氨的衍生物。在自然界中,许多胺类化合物存在于生物体的生物活动中。氨基酸是蛋白质的组成部分;"维生素"之所以如此命名是因为发现了对生命至关重要的含氮物质[17];脱氧核糖核酸(deoxyri-bonucleic acid,DNA)将信息储存在四种碱基的排列顺序中。

工业上,胺在各种应用中也发挥着重要作用。含 $C_2 \sim C_5$ 碳链的低级烷基胺作为原料用于制药、农业和橡胶化学工业,而 C_1 烷基胺(甲胺)是溶剂(如 N-甲基吡咯烷酮、二甲基甲酰胺和二甲基乙酰胺)、农业化学品、表面活性剂和水处理化学品生产的中间体。这些商品化烷基胺大多由醇与氨反应合成[12]。

胺洗涤是一种用胺水溶液分离酸性气体的方法,自 1930 年基

本工艺专利授权以来,已在工业中广泛使用[3,18]。在这项专利中有以下描述:

此外还发现,只有那些在原子排列方面具有某些化学特征和物理特征的胺才具有这些特性。除了氮和氢之外,氧可以以羟基形式存在,但不能以羧基或羰基的形式存在。胺在常温下必须是固体或液体,沸点不得低于 100℃ 太多。它必须溶于水或其他液体,而该液体不能与酸性气体或其他类似气体形成稳定化合物,并且,其沸点不低于选择性气体脱除温度。

这说明了采用单乙醇胺(MEA)和其他一些烷醇胺进行胺洗涤的原因。同时,这些材料容易获得也是其优势之一。

自 20 世纪末以来,胺洗涤技术作为一种减少 CO_2 排放的技术已成为人们关注的焦点。值得注意的是,在应对全球变暖的背景下,需消减的 CO_2 量太大,无法再可持续循环处理。CCS 技术是最有希望解决这些问题的方案之一。在 CCS 技术中,CO_2 从化石燃料发电厂等大型排放源中选择性地分离出来,运输到储存地点后储存于地表下几千米处的地质层中。

虽然胺洗涤法是目前最成熟的 CO_2 分离技术,但用于 CCS 技术中会带来能源损失、胺降解和排放等经济和环境方面的挑战[18]。因此,传统的胺洗涤法在 21 世纪被重新研究改进,基于吸收、吸附和膜分离的替代方法得到了全世界广泛研究。

因为胺和 CO_2 之间的可逆反应使它们可以通过适度相互作用有效地"捕集和释放",即弱相互作用降低 CO_2 的选择性,强相互作用提高材料再生所需的能量,所以,胺一直是CO_2捕集技术研发中广泛应用的化学物质[10]。本章其余部分简要阐述了与CO_2捕集技术相关的胺的物理和化学性质,重点介绍了胺的分子结构及与CO_2的相互作用。

2.2 胺的分类

根据氮原子上结合的氢原子数,胺分为不同的种类。如图2.1所示,伯胺和仲胺的氮原子分别通过共价键连接两个氢原子(—NH_2)和一个氢原子(∖NH∕),而叔胺(∖N—∕)不存在直接与氮结合的氢原子。

一般认为,胺与CO_2的反应活性下降顺序为:伯胺(—NH_2)>仲胺(∖NH∕)>叔胺(∖N—∕),但这并不一定准确。为了准确地比较不同胺,必须考虑与氮原子连接的所有取代基的电子效应和空间效应,最好不是仅从胺的种类差异解释实验现象。

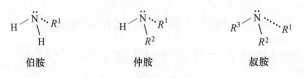

图 2.1 胺的分类

2.3 沸点和黏度

正如上述专利所述,沸点是胺能否进行 CO_2 捕集的重要物理性质之一。特别是,低沸点胺从环境和经济方面来看是不利的,因为它们很可能挥发。

表 2.1 给出了胺法 CO_2 捕集典型溶剂的沸点。一般而言,分子量越高,沸点越高。除了分子量之外,分子间相互作用也会极大地影响沸点,如静电相互作用。由于羟基和氨基可以形成较强的氢键,因此烷醇胺的沸点比分子量相近的烷基胺高得多。

胺的黏度是其拥有 CO_2 捕集性能的另一个重要物理性质。颗粒在溶剂中的扩散系数 D 由斯托克斯-爱因斯坦关系式给出:

$$D \propto T\mu^{-1} \qquad (2.1)$$

式中:μ 为溶剂黏度;T 为绝对温度。只有在稀胶体体系中才完全遵循该关系式,但在许多体系中此关系也非常适用。根据关系式(2.1),可以预测胺黏度越高,CO_2 在胺溶剂中的扩散越慢,这意味着低黏度胺利于加快动力学过程。

与沸点的情况一样,胺分子间相互作用会增加溶剂黏度。因此,链烷醇胺的黏度比分子量相近的烷基胺高得多。如表 2.1 所示,DEA 的黏度明显高于 MEA,图 2.2 中羟基(—OH)的存在可以解释这一现象。

表 2.1　胺的沸点和黏度[a]

胺[b]	分子量/(g/mol)	沸点/℃[c]	黏度/cP
乙醇胺(MEA)	61.08	171	24[d]
二乙醇胺(DEA)	105.14	268	380[e]
N-甲基二乙醇胺(MDEA)	119.16	247	101[d]

注:[a] 陶氏化学数据表;[b] 乙醇胺,二乙醇胺;N-甲基二乙醇胺;[c] 760mmHg;
[d] 20℃;[e] 30℃。

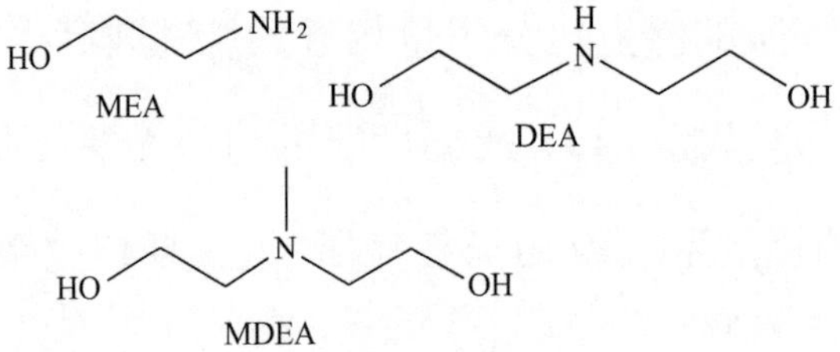

图 2.2　乙醇胺、二乙醇胺和 N-甲基二乙醇胺

当然,沸点和黏度都代表纯胺的物理性质。纯胺的这些物理性质对于理解其构效关系非常有用。由于纯胺存在黏性、挥发性和腐蚀性等问题,而且,胺与 CO_2 之间化学反应产生的阴离子和阳离子将形成强烈的分子间相互作用,因此,实际进行 CO_2 捕集时,胺往往用在水溶液、多孔材料、聚合膜或其他环境中。胺类材料在应用时需要考虑周围环境的特殊性[23]。

2.4 活度和浓度

用于 CO_2 捕集的胺类溶剂通常含有大量胺,如质量分数 30%的 MEA 和 70%的水组成的溶液。由于吸收了 CO_2,在溶剂中形成了大量带电物质,这样的溶液可能远不是理想溶液,因此,为了精确模拟,必须引入活度,即"有效浓度"概念。在本研究中,为简单起见,我们假设所有活度系数都为 1,即,用摩尔浓度代替活度,并假设水的摩尔浓度是恒定的。

2.5 胺 的 碱 度

由于 CO_2 和胺之间化学反应的核心是酸碱反应,因此,胺的碱度是影响 CO_2 捕集性能的最关键因素。

2.5.1 碱的定义

碱的定义有几种:阿伦尼乌斯(Arrhenius)碱是增加水溶液中氢氧根阴离子(OH^-)浓度的物质;布朗斯特(Brönsted)碱[①]是可以接受质子(H^+)的物质;路易斯(Lewis)碱是能够与 Lewis 酸反应的

---

① 酸碱质子理论(Brönsted-Lowry acid-base theory,布朗斯特-苏莱酸碱理论):布朗斯特(Brönsted)和劳莱(Lowry)在 1923 年提出的质子理论认为,凡是给出质子(H^+)的任何物质(分子或离子)都是酸;凡是接受质子(H^+)的任何物质都是碱。原书表述为布朗斯特碱。——译者注

物质,它通过贡献电子对形成 Lewis 酸碱加合物。胺既可以作为 Brönsted 碱,又可以作为 Lewis 碱。

2.5.2 胺的酸度系数

在水溶液中,胺以 Brönsted 碱的形式与质子反应,平衡态中的物质分布与其 pK_a 有关。

$$R^1R^2R^3NH^+ + H_2O \rightleftharpoons R^1R^2R^3N + H_3O^+ \quad (2.2)$$

$$pK_a = -\log([R^1R^2R^3N][H_3O^+]/[R^1R^2R^3NH^+]) \quad (2.3)$$

式中:R^n 为氢原子或任意取代基;K_a 为质子化胺的酸解离常数。由式(2.3)定义的酸度系数 pK_a 表示共轭酸 $R^1R^2R^3NH^+$ 的解离程度,通常简写为"胺 pK_a"。pK_a 值越大,胺的 Brönsted 碱性越强。

表 2.2 列出了不同分子结构胺的 pK_a 值。部分胺(纯度约99%)从不同的化学公司购买,没有进一步纯化,在室温下通过电位滴定法用氢氧化钠和盐酸溶液测定了它们在水溶液中的 pK_a 值。其余胺的 pK_a 值来自文献[20]。

表 2.2 pK_a 值[a]

胺	pK_a	胺	pK_a
MEA	9.53[b]	2-甲氨基乙醇(MAE)	9.93[b]
DEA	8.96[c]	2-乙氨基乙醇(EAE)	9.99[b]
三乙醇胺(TEA)	7.72[b]	2-氨基-2-甲基-1-丙醇(AMP)	9.72[c]
2-氨基吡啶(AP)	6.70[b]	N-甲基二乙醇胺(MDEA)	8.51[b]

注:[a] 24~27℃;[b] Yamada 等[20];[c] Perrin[16]。

MEA、DEA、TEA 的 pK_a 值依次为 9.53(MEA) > 8.96(DEA) > 7.72(TEA)，这说明由于羟基具有吸电子性质，通过 σ 键（N—C—C—O）削弱了氨基的碱度。相反，烷基由于其给电子性质而增强了氨基的碱度，因此，MAE 和 EAE 等 N-烷基烷胺的 pK_a 值高于分子量相近的乙醇胺。芳香胺的孤对电子在单芳香环上离域，其 pK_a 值相对较低，如 AP 的 pK_a 值为 6.70（图 2.3）。

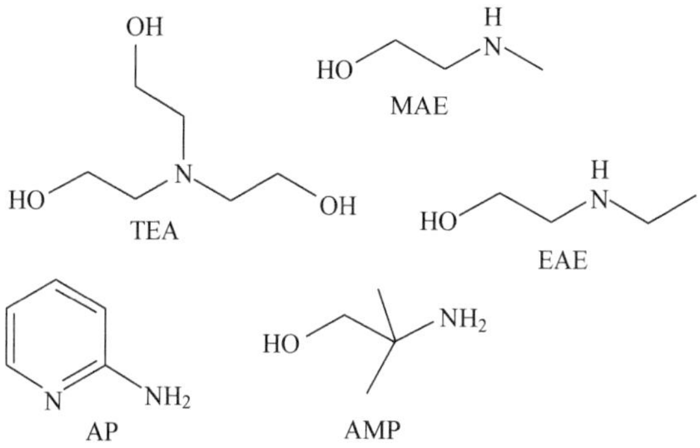

图 2.3 三乙醇胺、2-氨基吡啶、2-甲氨基乙醇、2-乙氨基乙醇、2-氨基-2-甲基-1-丙醇和 N-甲基二乙醇胺结构

胺的 pK_a 是用胺和质子之间的反应来定义的，它代表了 Brönsted 碱度。而胺的 Lewis 碱度对于分析胺对二氧化碳的反应性也很重要，下面将详细讨论。

2.5.3 CO_2 在胺和水中的溶解度

CO_2 会与水发生以下化学反应：

$$CO_2 + 2H_2O \rightleftharpoons HCO_3^- + H_3O^+ \tag{2.4}$$

其中水分子(H_2O)为 Brönsted 碱。CO_2 在水中的溶解符合亨利定律,在 25℃,CO_2 分压 101.325kPa 时,其溶解度仅为 1.5g/kg。CO_2 的溶解度随温度升高而减小,如图 2.4 所示。而胺溶液碱性更大,将吸收更多 CO_2。例如,在相似条件下,质量分数为 30% 的 MEA 水溶液中 CO_2 溶解度超过 100g/kg。

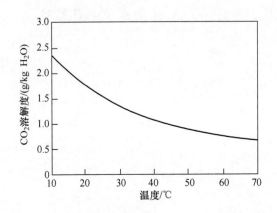

图 2.4　相关模型计算得到的水中 CO_2 的溶解度[4]

2.6　氨基甲酸酯和碳酸氢盐的形成

在各种溶剂、吸附剂或膜中,有助于胺基 CO_2 捕集的两个主要途径包括形成氨基甲酸酯和碳酸氢盐阴离子;伯胺和仲胺与 CO_2 反应生成氨基甲酸酯阴离子和质子化胺,伯胺、仲胺和叔胺与 CO_2 反应生成碳酸氢盐阴离子和质子化胺:

$$R^1R^2NH + CO_2 + B \Longleftrightarrow R^1R^2NCOO^- + BH^+ \qquad (2.5)$$

$$R^1R^2R^3N + CO_2 + H_2O \Longleftrightarrow HCO_3^- + R^1R^2R^3NH^+ \qquad (2.6)$$

式中:B 为体系中任意 Brönsted 碱。通常,胺是体系中的 Brönsted 强碱,且用量充足,因此,氨基甲酸酯通过以下反应形成:

$$2R^1R^2NH + CO_2 \rightleftharpoons R^1R^2NCOO^- + R^1R^2NH_2^+ \quad (2.7)$$

其中两个胺分子参与了一个二氧化碳分子的捕集。在这个反应中,一个胺分子作为 Brönsted 碱,另一个胺分子作为 Lewis 碱。

2.6.1 氨基甲酸酯的稳定性

氨基甲酸酯的稳定性通过氨基甲酸酯稳定常数 K_c 来评价,K_c 是反应式(2.8)的平衡常数。

$$HCO_3^- + R^1R^2NH \rightleftharpoons R^1R^2NCOO^- + H_2O \quad (2.8)$$

$$K_c = [R^1R^2NCOO^-]/([HCO_3^-][R^1R^2NH]) \quad (2.9)$$

K_c 值越大,胺的 Lewis 碱度越高,即具有高 K_c 值的胺形成稳定的氨基甲酸酯。

之前,我们基于量子化学计算比较了 MEA 和 DEA 的氨基甲酸酯稳定性:在 25℃下,MEA 和 DEA 的 $\log K_c$ 分别为 1.31 和 0.93[20]。这种差异可归因于它们羟基数量的不同。然而,羟基的作用并不仅仅如此。如前所述,一方面,羟基由于其吸电子性质削弱了氨基的碱度;另一方面,羟基和相邻的乙烯基(HO—CH$_2$CH$_2$—)的空间位阻效应使氨基甲酸酯不稳定,因此,DEA 的氨基甲酸酯的稳定性不如 MEA。然而,羟基又具有相反的作用:通过分子内氢键(—COO$^-$⋯HO—)使氨基甲酸酯阴离子稳定,如图 2.5 所示。

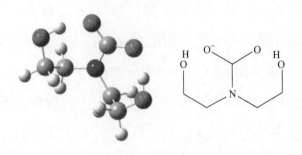

图 2.5　DEA 氨基甲酸酯分子内氢键

与 pK_a 值相比,氨基甲酸胺的稳定常数不易从实验中得到。借助密度泛函理论(DFT)等量子化学方法,可以通过计算吉布斯自由能预测氨基甲酸胺的稳定性[20]。根据反应自由能与平衡常数的关系,计算式(2.8)反应过程中的自由能变化,能够反映氨基甲酸酯的稳定性:

$$\Delta G_{(2.8)} = -RT\ln K_c \quad (2.10)$$

式中:R 为气体常数。图 2.6 比较了几种胺的反应自由能 $\Delta G_{(2.8)}$。定量计算结果表明,与 MEA 或其他位阻较小的仲胺相比,"位阻胺" AMP 的氨基甲酸酯明显不稳定。

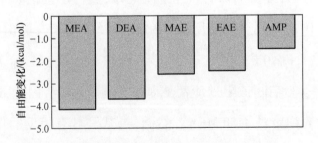

图 2.6　胺溶液中的碳酸氢盐按照式(2.8)反应
过程形成氨基甲酸酯的自由能变化

2.6.2 氨基甲酸酯与碳酸氢盐的比例

氨基甲酸酯和碳酸氢盐的比例反映了用于 CO_2 捕集的胺的特性。如式(2.5)~式(2.10)所示,含 CO_2 的伯胺和仲胺水溶液中有胺、质子化胺、氨基甲酸酯阴离子、碳酸氢盐阴离子、质子和水。除此之外,碳酸阴离子和氢氧根阴离子也将共存。

$$CO_3^{2-} + H_2O \rightleftharpoons HCO_3^- + OH^- \qquad (2.11)$$

碳酸根与碳酸氢根的比值$[HCO_3^-]/[CO_3^{2-}]$随着 pH 值的降低而降低:

$$pH = -\log[H_3O^+] \qquad (2.12)$$

式中:$[H_3O^+]$为质子浓度(mol/L)。

$$\Psi = [R^1R^2NCOO^-]/([R^1R^2NCOO^-] + [HCO_3^-] + [CO_3^{2-}]) \qquad (2.13)$$

核磁共振(NMR)等波谱方法可以用于胺-CO_2-水体系的定性和定量研究。例如,^{13}C 核磁共振研究表明,22℃时,CO_2 的胺水溶液中(约 0.5~0.6mol CO_2/mol 胺),根据式(2.13)计算得到的 MEA、DEA 和 EAE 的氨基甲酸酯的产率分别为 4.3、1.5 和 0.5[20]。

对上述结果的一种经典解释是,由于仲胺的空间位阻效应,仲胺的氨基甲酸酯不如伯胺的氨基甲酸酯稳定。然而,DEA 和 EAE 之间的差异不能仅仅从位阻效应来解释。如上所述,必须考虑到电子效应以及氮原子上取代基的空间位阻。

2.6.3 氨基甲酸酯和碳酸氢盐形成动力学

一般来说,氨基甲酸酯比碳酸氢盐的形成更快。文献中有大量关于胺在各种条件下的动力学实验数据。在这里,我们关注活化能 E_a,根据 Arrhenius 方程,它与反应速率常数 k 直接相关:

$$k = A\exp\{-E_a/(RT)\} \tag{2.14}$$

式中:A 为反应的指前因子。这个经验公式中的活化能可以理解为从反应物体系转化为生成物体系所需的最小能量,如图 2.7 所示。艾林(Eyring)的过渡态理论(transition-state theory,TST)阐述了活化能与指前因子之间的关系。

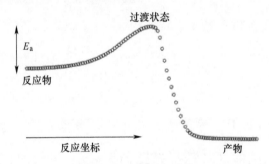

图 2.7 活化能示意图

按照量子化学方法,也可以通过获得基本反应的瞬态来计算活化能,其中分子几何形状是在 TST 框架内确定的。图 2.8 显示了 MEA 氨基甲酸酯形成中速率决定步骤的过渡态几何结构,该结构在 DFT(B3LYP)/6-311++G(d,p)水平上进行了优化。采用隐式溶剂化模型(SMD/IEF-PCM)以反映周围具有水的介电常数的溶剂的影响[23]。此反应速率决定步骤的产物是两性离子。

第 2 章 胺法捕集CO_2的化学原理

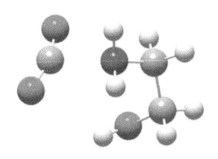

图 2.8 CO_2与 MEA 反应的过渡态

表 2.3 列出了液态胺(MEA 或 AMP)溶液中形成氨基甲酸酯和碳酸氢盐的活化能。为了进行比较,对速率决定步骤,即两性离子形成步进行了解析,以计算氨基甲酸酯的活化能,同时还解析了单步三分子反应机制(式(2.6)),以得到碳酸氢盐形成的活化能。

表 2.3 活化能　　　　　　　　　单位:kcal/mol

胺	氨基甲酸盐的形成	碳酸氢盐的形成
MEA[a]	6.6	15.3
AMP[b]	7.6	15.8

注:[a]PCM/CCSD(T)/6-311++G(2df,2p)//PCM/MP2/6-311++G(d,p)[21];

[b]CPCM/CCSD(T)/6-311++G(d,p)//SMD/IEF-PCM/B3LYP/6-31G(d)[14]。

$$HO(CH_2)_2NH_2 + CO_2 \rightleftharpoons HO(CH_2)_2NH_2^+COO^- \quad (2.15)$$

正如实验结果和理论预测所示(图 2.6),对于 MEA 和 AMP,CO_2在胺溶液中的主要吸收反应产物是氨基甲酸酯和碳酸氢盐。理论上,对于这两种胺,氨基甲酸酯阴离子是通过两性离子中间体形成的,其活化能比碳酸氢盐形成的活化能低(表 2.3)。量子化学提供了这个颇有价值的结论,仅从实验中很难获得。

2.7 胺与 CO_2 反应生成的其他物质

2.7.1 氨基甲酸

胺与 CO_2 反应可能产生的另一种产物是氨基甲酸。

$$R^1R^2NH + CO_2 \rightleftharpoons R^1R^2NCOOH \quad (2.16)$$

因为用于捕集 CO_2 的材料(如氨基水溶液)通常很容易从氨基甲酸中接受质子形成氨基甲酸酯阴离子,所以,反应过程产生的氨基甲酸将很少。此外,大多数 CO_2 捕集材料因其极性而使离子产物稳定,如氨基甲酸酯和质子化胺,这在后面会讨论。因此,在大多数情况下,带电荷的产物相对更加稳定,如氨基甲酸酯和质子。

通过调节胺或其周围环境的极性,可以明显产生氨基甲酸。例如,已报道的胺接枝介孔二氧化硅材料形成了氨基甲酸[2]。同样在液相中,一些疏水性胺与 CO_2 反应生成氨基甲酸,如间二苯二胺,如图 2.9 所示。

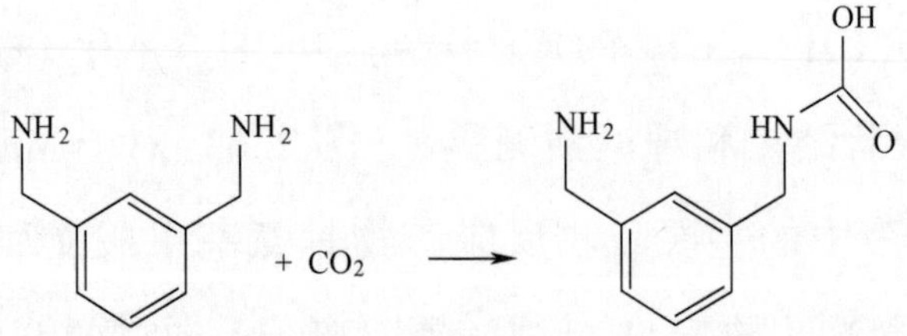

图 2.9 间二苯二胺和二氧化碳反应生成氨基甲酸[13]

2.7.2 烷基碳酸酯

烷醇胺通过羟基与二氧化碳反应生成烷基碳酸酯。

$$R^1R^2NR^3ON + CO_2 + B \rightleftharpoons R^1R^2NR^3OCOO^- + BH^+ \tag{2.17}$$

由于在没有水的情况下更容易形成烷基碳酸酯而不是碳酸氢盐,因此,烷基碳酸酯经常在非水相的烷醇胺溶液中形成。尽管烷基碳酸酯在水相中是一种微量产物,但在常温常压下的胺水溶液中已经检测出。我们通过二维核磁共振波谱(2DNMR)和DFT解析,证实了少量CO_2在水溶液中通过共价键与EAE氨基甲酸酯及EAE的羟基结合[22]。

2.8 胺与CO_2反应机理

一个化学反应包含一个或多个基元反应。基元反应是伴随过渡态的单步反应。本节讨论总反应(2.6)、(2.7)和(2.8)中的基元反应。

目前,在式(2.7)的氨基甲酸酯形成反应中是否存在反应中间体一直存在争议。如果中间体的寿命明显长于分子振动,它就不是单步反应(图2.10)。由于中间体寿命短,因此很难从实验中识别出来。作为一种辅助方法,量子力学研究阐明了胺与CO_2的反应机理。

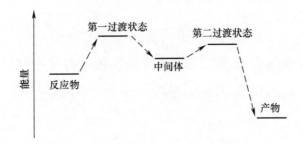

图2.10 两步反应的能量示意图

这种方法探究了 MEA 水溶液中氨基甲酸酯的形成过程。部分研究表明,由反应(2.15)产生的 MEA 两性离子不仅仅是过渡物,而且可以作为中间体存在。因此,MEA 氨基甲酸酯的形成不是一步反应。

实际上,反应机理是由多种因素决定的,包括溶剂组成和溶剂化效应等。另外,反应可以通过多种机理同时发生,因此,本章中排除了"非此即彼"的想法,介绍了几种可能的机理。

2.8.1 两性离子机理

在两性离子机理中,式(2.7)表示的氨基甲酸酯形成反应分两步进行。第一步是两性离子的形成:

$$R^1R^2\text{NH} + CO_2 \rightleftharpoons R^1R^2\text{NH}^+\text{COO}^- \qquad (2.18)$$

第二步是两性离子被 Brönsted 碱去质子化。

$$R^1R^2\text{NH}^+\text{COO}^- + B \rightleftharpoons R^1R^2\text{NCOO}^- + BH^+ \qquad (2.19)$$

在 MEA[14,19] 和 AMP[21] 等胺水溶液中,结合溶剂化模型进行的 DFT 研究结果证明了这种机理。这些研究也证实了式(2.18)所表示两性离子的形成过程是速率决定步,即第二步质子转移反应(2.19)比第一步两性离子形成的反应能垒低。

2.8.2 氨基甲酸机理

氨基甲酸酯形成的第一步反应(2.7)发生在氨基氮原子的非键电子对和 CO_2 的反键空轨道之间,它们分别为供体–受体。这一步可能形成两性离子,也可能形成氨基甲酸:

$$R^1R^2NH + CO_2 \rightleftharpoons R^1R^2NCOOH \qquad (2.20)$$

这个反应是双分子二阶反应,也是速率决定步骤,而第二步质子转移到 Brönsted 碱(如胺和水)的步骤是瞬时的。

对于 MEA 和 DEA 水溶液,基于密度泛函理论(DFT)和从头算(ab initio)的计算结果在一定程度上证明了氨基甲酸形成机理[1]。需要注意的是,该研究的能量计算是在真空环境中优化分子几何结构的基础上进行的。如上所述,通过调整胺或其周围环境的极性,可以显著增加氨基甲酸的产生。同样地,在弱极性介质中,氨基甲酸中间体比两性离子中间体更稳定。

2.8.3 单步三分子反应机理

Crooks 和 Donnellan[5]根据各种胺水溶液中 CO_2 反应的动力学实验,提出了单步氨基甲酸酯形成机理,如图 2.11 所示,并得到了被广泛引用的丹克沃茨(Danckwerts)传质机制[8],即不太可能形成两性离子中间体。

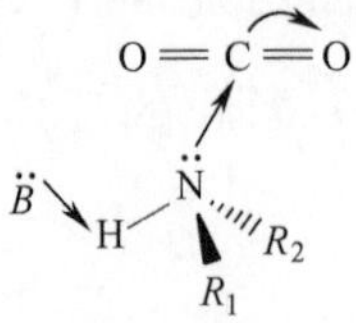

图 2.11　氨基甲酸酯形成的单步反应机理

21 世纪,埃里克·达席尔瓦和哈尔瓦德·斯文森[6]将量子力学计算法引入了胺与 CO_2 化学反应研究中。他们研究了 CO_2 和 MEA 形成氨基甲酸酯的过程,由于没有形成稳定的两性离子,因此研究者认为两性离子产生可能完全是瞬态的。

基于密度泛函理论(DFT)和耦合簇理论的理论计算结果表明,与 MEA 相比,高碱性胺两性离子可能具有更长的寿命,而 MEA 两性离子只是一种瞬态物质[15]。

2.8.4　碱催化水合作用

Donaldson 和 Nguyen[9]研究了 CO_2 与 TEA 和三乙胺在水性膜中的反应动力学。他们认为,对于 TEA,其反应机理是碱催化 CO_2 水合反应(图 2.12),而三乙胺只是作为弱碱产生游离 OH^-,与 CO_2 反应。

埃克·达席尔瓦和哈尔瓦德·斯尔森[7]在 MEA 分子存在的情况下,用一个 H_2O 分子和一个 CO_2 分子对上述碱催化机理进行了量子力学计算,并确定了过渡态几何结构,揭示了 H_2O、CO_2 和

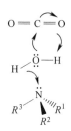

图2.12 碱催化 CO_2 水合反应

MEA分子的单步三分子反应机理。

我们开展的DFT研究也揭示了MEA[14]和AMP[21]水溶液中形成碳酸氢盐(HCO_3^-)的单步三分子反应机理。在DFT(B3LYP)/6-31G(d)水平上,结合水的溶剂化模型(SMD/IEF-PCM)对过渡态进行优化,图2.13表示了H_2O、CO_2、AMP分子单步反应生成碳酸氢盐的过渡态。

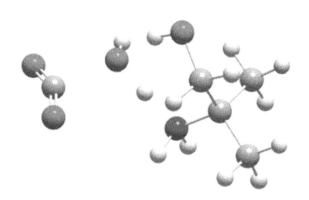

图2.13 CO_2、H_2O 和 AMP 反应的过渡态

CO_2与氢氧根阴离子(OH^-)直接反应也可能形成碳酸氢盐:

$$CO_2 + OH^- \rightleftharpoons HCO_3^- \tag{2.21}$$

通常,反应(2.21)的能垒远低于三分子反应机理的能垒,而氢氧根阴离子的浓度远低于胺的浓度。因此,在高 pH 条件下,反应(2.21)对碳酸氢盐形成的贡献极大。

2.8.5 氨基甲酸酯和碳酸氢盐的相互转化

实验证明,空间位阻胺 AMP 的水溶液吸收 CO_2 达到平衡后主要生成碳酸氢盐阴离子。通常对该产物形成过程的解释是 AMP 氨基甲酸酯不稳定,会发生水解。

$$HOCH_2C(CH_3)_2NHCOO^- + H_2O \rightleftharpoons HCO_3^- + HOCH_2C(CH_3)_2NH_2 \quad (2.22)$$

这个方程表示的是一个总包反应。然而,它常被误认为是一个基元反应。采用连续溶剂化模型(SMD/IEF-PCM)在水溶液中对该体系的相进行 DFT 本征反应坐标(IRC)分析,并比较各种基元反应活化能[21],结果发现,反应(2.22)活化能太高,难以作为基元反应发生。

然而,在催化剂存在条件下,氨基甲酸酯和碳酸氢盐可以相互转化。我们结合连续溶剂化模型(PCM)对 MEA 水溶液中的 CO_2 吸收进行了从头算分子轨道计算[14],发现了另一种水解途径。首先,质子从质子化的 MEA 转移到氨基甲酸酯,生成氨基甲酸:

$$HO(CH_2)_2NHCOO^- + HO(CH_2)_2NH_3^+$$
$$\rightleftharpoons HO(CH_2)_2NHCOOH + HO(CH_2)_2NH_2 \quad (2.23)$$

其次,OH^- 对氨基甲酸进行亲核加成反应:

$$HO(CH_2)_2NHCOOH + OH^- \rightleftharpoons HO(CH_2)_2N(OH)_2O^- \quad (2.24)$$

最后,通过低能垒反应生成碳酸氢盐和 MEA:

$$HO(CH_2)_2N(OH)_2O^- \rightleftharpoons HCO_3^- + HO(CH_2)_2NH_2 \quad (2.25)$$

2.9 反应场的影响

本章主要介绍了水相条件下的胺与 CO_2 反应。如上所述,周围环境对反应的影响也很重要。主要产物和反应中间体包括氨基甲酸酯阴离子、碳酸氢根阴离子和质子化胺等带电物质。

玻恩(Born)公式给出了带电物质的溶剂化能与介电常数 ε_r 的关系:

$$E_{solv} = [N_A Z^2 e^2/(8\pi\varepsilon_0 a)](1 - \varepsilon_r^{-1}) \quad (2.26)$$

式中:N_A 为阿伏伽德罗数;ε_0 为自由空间的介电常数;a 为带电荷 Ze 粒子的球形半径。介电常数是表征极性的参数,根据这个公式可知,介电常数极大地影响带电粒子的溶剂化能。因此,涉及带电物质的反应能量图实质上在很大程度上由反应场极性控制。

表 2.4 列出了各种溶剂的介电常数。水作为一种强极性溶剂,极大地稳定了上述胺与 CO_2 反应形成的带电物质。值得注意的是,水分子通过氢键稳定带电物质。一些溶剂化模型也或显性或隐性地处理了这种氢键效应。

表 2.4　各种溶剂的介电常数[a]

溶剂	ε_r	溶剂	ε_r
甲酰胺	108.94	1-辛醇	9.86
水	78.355	丙胺	4.99
乙二醇	40.245	丁胺	4.62
N,N-二甲基乙酰胺	37.781	二乙醚	4.24
N,N-二甲基甲酰胺	37.219	戊胺	4.20
乙腈	35.688	二苯醚	3.73
甲醇	32.613	二乙胺	3.58
乙醇	24.852	二丙胺	2.91
丙酮	20.493	甲苯	2.37
苯甲醇	12.457	1,4-二恶烷	2.21

注：[a] Frisch 等[11]。

我们借助 DFT,结合连续溶剂化模型(SMD/IEF-PCM),通过改变介电常数分析了 MEA 的反应(2.7)。众所周知,在 MEA 水溶液中氨基甲酸酯的形成过程发生放热反应,然而,根据计算结果预测,随着介电常数的降低,放热反应过程会转变为吸热反应过程。反应决速步①的活化能,即两性离子形成的活化能也随着介电常数的变化而发生巨大变化,这表明 MEA 氨基甲酸酯不能在弱极性介质中自发生成[23]。如上所述,氨基甲酸很可能在含有气相的弱极性反应场中形成。

如前所述,溶剂黏度越高,CO_2 气体的扩散系数越低。因此,在

---

① 反应决速步是指化学反应中决定整体反应速率最慢的步骤。——译者注

高黏度溶剂中,CO_2 的吸收速率是有限的。此外,由于带电离子的产生将导致强烈的分子间相互作用,因此,吸收二氧化碳后胺水溶液通常导致黏度增大。随着 CO_2 荷载量的增加,溶剂黏度增大且新鲜胺浓度降低,胺水溶液的 CO_2 吸收速度将减慢。此外,上述介电常数的差异表明,随着 CO_2 加载,溶液介电常数降低,也造成了 CO_2 吸收速度减缓。

有趣的是,在 MEA 水溶液中进行的以下反应,介电常数对反应活性的影响并非如此:

$$R^1R^2R^3N^- + CO_2 \rightleftharpoons R^1R^2R^3NCOO^- \qquad (2.27)$$

其中 $R^1R^2R^3N^-$ 表示离子液体中的官能团化阴离子,例如甘氨酸阴离子[23]。计算结果表明,CO_2 与胺基阴离子反应的能量图几乎与周围连续介质的介电常数无关。无论介电常数如何,形成的 CO_2 结合阴离子在离子液体中都是稳定的。

2.10 小　　结

本章综述了用于 CO_2 捕集技术的胺和含胺介质的物理和化学性质。物理性质包括沸点、扩散系数和极性等,对于理解、设计和优化基于胺的 CO_2 捕集技术至关重要。在这些技术中,主要的化学反应是氨基甲酸酯的形成和碳酸氢盐的形成,其反应比例取决于胺分子结构,这在很大程度上影响 CO_2 捕集性能。这些反应涉及分子间相互作用、不同基元步骤、副产物和周围环境,其中,取代基(如烷基、羟基)、氢键、溶剂化作用最为重要。

参考文献

[1] Arstad B, Blom R, Swang O(2007) CO_2 absorption in aqueous solutions of alkanolamines: mechanistic insight from quantum chemical calculations. J Phys Chem A 111:1222-1228.

[2] Bacsik Z, Ahlsten N, Ziadi A, Zhao G, Garcia-Bennett AE, Martín-Matute B, Hedin N (2011) Mechanisms and kinetics for sorption of CO_2 on bicontinuous mesoporous silica modified with n-propylamine. Langmuir 27: 11118-11128.

[3] Bottoms RR(1930) Separating acid gases. U. S. Patent 1783901.

[4] Carroll JJ, Slupsky JD, Mather AE(1991) The solubility of carbon dioxide in water at low pressure. J Phys Chem Ref Data 20:1201-1209.

[5] Crooks JE, Donnellan JP(1989) Kinetics and mechanism of the reaction between carbon dioxide and amines in aqueous solution. J Chem Soc Perkins Trans II, 331-333.

[6] da Silva EF, Svendsen HF (2004) Ab initio study of the reaction of carbamate formation from CO_2 and alkanolamines. Ind Eng Chem Res 43: 3413-3418.

[7] da Silva EF, Svendsen HF(2007) Computational chemistry study of reactions, equilibrium and kinetics of chemical CO_2 absorption. Int J Greenhouse Gas Control 2:151-157.

[8] Danckwerts PV(1979) The reaction of CO_2 with ethanolamines. Chem Eng Sci 34:443-446.

[9] Donaldsen TL,Nguyen YN(1980) Carbon dioxide reaction kinetics and transport in aqueous amine membranes. Ind Eng Chem Fundam 19:260-266.

[10] Dutcher B, Fan M, Russell AG (2015) Amine-based CO_2 capture technology development from the beginning of 2013—a review. ACS Appl Mater Interfaces 7:2137-2148.

[11] Frisch MJ,Trucks GW,Schlegel HB,Scuseria GE,Robb MA,Cheeseman JR,Scalmani G,Barone V,Mennucci B,Petersson GA,Nakatsuji H,Caricato M,Li X,Hratchian HP ,IzmaylovAF,Bloino J,Zheng G,Sonnenberg JL,Hada M,Ehara M,Toyota K,Fukuda R,HasegawaJ,Ishida M,Nakajima T,Honda Y ,Kitao O,Nakai H,Vreven T,Montgomery JA Jr,Peralta JE, Ogliaro F, Bearpark M, Heyd JJ, Brothers E, Kudin KN, Staroverov VN, Kobayashi R, Normand J, Raghavachari K, Rendell A, Burant JC,Iyengar SS,Tomasi J,Cossi M,Rega N,Millam JM,Klene M,Knox JE, Cross JB, Bakken V , Adamo C, Jaramillo J, Gomperts R, Stratmann RE,Y azyev O,Austin AJ,Cammi R,Pomelli C,Ochterski JW,Martin RL,Morokuma K,Zakrzewski VG,V oth GA,Salvador P ,Dannenberg JJ, Dapprich S, Daniels AD, Farkas Ö, Foresman, JB, Ortiz JV , Cioslowski J, Fox DJ (2009) Gaussian 09, Revision E. 01, Gaussian, Inc. Wallingford CT.

[12] Hayes KS(2001) Industrial processes for manufacturing amines. Appl Catal A 221:187-195.

[13] Inagaki F,Matsumoto C,Iwata T,Mukai C(2017) CO_2-selective absorbents

in air: reverse lipid bilayer structure forming neutral zcarbamic acid in water without hydration. J Am Chem Soc 139:4639-4642.

[14] Matsuzaki Y,Yamada H,Chowdhury FA,Higashii T,Onoda M(2013) Ab Initio study of CO_2 capture mechanisms in aqueous monoethanolamine: reaction pathways for the direct Interconversion of carbamate and bicarbonate. J Phys Chem A 117:9274-9281.

[15] Orestes E,Ronconi CM,Carneiro JWM(2014) Insights into the interactions of CO_2 with amines: A DFT benchmark study. Phys Chem Chem Phys 16:17213-17219.

[16] Perrin DD(1965) Dissociation constants of organic bases in aqueous solution. Butterworths,London. (1972) Supplement.

[17] Piro A,Tagarelli G,Lagonia P,Tagarelli A,Quattrone A(2010) Casimir Funk: his discovery of the vitamins and their deficiency disorders. Ann Nutr Metab 57:85-88.

[18] Rochelle GT(2009) Amine scrubbing for CO capture. Science 325:1652-1654.

[19] Xie H-B,Zhou Y,Zhang Y,Johnson JK(2010) Reaction mechanism of monoethanolamine with CO_2 in aqueous solution from molecular modeling. J Phys Chem A 14:11844-11852.

[20] Yamada H,Shimizu S,Okabe H,Matsuzaki Y,Chowdhury FA,Fujioka Y (2010) Prediction of the basicity of aqueous amine solutions and the species distribution in the amine-H_2O-CO_2 system using the COSMO-RS method. Ind Eng Chem Res 49:2449-2455.

[21] Yamada H,Matsuzak Y,Higashii T,Kazama S(2011) Density functional

theory study on carbon dioxide absorption into aqueous solutions of 2-amino-2-methyl-1-propanol using a continuum solvation model. J Phys Chem A 115:3079-3086.

[22] Yamada H, Matsuzaki Y, Goto K(2014) Quantitative spectroscopic study of equilibrium in CO_2-loaded aqueous 2-(ethylamino) ethanol solutions. Ind Eng Chem Res 53:1617-1623.

[23] Yamada H(2016) Comparison of solvation effects on CO_2 capture with aqueous amine solutions and amine-functionalized ionic liquids. J Phys Chem B 120:10563-10568.

第 3 章
CO_2 吸收捕集技术

3.1 吸 收 法

吸收是一种使用溶剂从气体混合物中分离特定气体的过程。它用于从气流中去除有毒气体,降低杂质含量以提高产品浓度。例如,通过碱性水溶液去除酸性气体、用水回收醇蒸气,以及通过烃油分离碳氢化合物。根据气体分子的溶解机理,吸收通常分为两种:物理吸收和化学吸收。

3.1.1 物理吸收法

物理吸收法是一种将气体溶解在物理溶剂中的方法。通常认为物理吸收遵从亨利定律,该定律指出物理溶剂中溶解的气体量与气体的分压成正比。如气液平衡图(图 3.1(a))所示,物理溶剂在气体高分压条件下吸收气体,并在低分压条件下解吸。由于利用压差驱动气体与溶剂分离,因此,能够以较少的能量去除和回收气体。

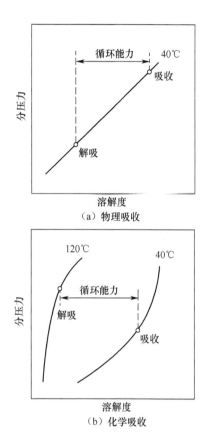

(a) 物理吸收

(b) 化学吸收

图 3.1　溶解度与分压的关系

3.1.2　化学吸收法

化学吸收法是一种目标气体与吸收剂在化学溶剂中反应形成可溶解产物的方法。如图 3.1(b) 所示,即使在低温气体分压较低的情况下,气液平衡也显示出较高的吸收载量。加热含气体溶质的溶剂可以改变反应平衡,从而回收溶质气体并再生吸收液。通常,即使目标气体浓度低,化学吸收法也具有高选择性,但加热解吸过程需要大量热量。

3.2 化学吸收工艺过程

以 CO_2 捕集技术为例说明化学吸收的工艺过程。胺化合物是适用于 CO_2 捕集技术的吸收剂,并且胺基溶剂也在工业上使用。胺基溶剂捕集 CO_2 采用不同的工艺过程,主要由工艺规范决定,包括气体混合物的压力和浓度等。下面内容主要描述两种情况:一种是常压下从气体混合物中捕集 CO_2,另一种是从加压气体混合物中捕集 CO_2,这两种情况通常称为"燃烧后 CO_2 捕集"和"燃烧前 CO_2 捕集"。

3.2.1 常压气体(燃烧后 CO_2 捕集)

图 3.2 说明了从常压气体混合物中捕集 CO_2 的典型化学吸收过程。在该过程中,气体混合物和溶剂在吸收器中逆流接触。CO_2 吸收溶剂("富液")通过"富(贫)液"热交换器从吸收塔底部流向再生器(汽提塔)顶部。再生器中的"富液"被重沸器产生的蒸气加热到 100~120℃。在再生器中,CO_2 从溶剂中解吸,然后将"贫液"再循环至吸收器。常压气体混合物的化学吸收需要大量热量以使溶剂再生。

3.2.2 加压气体(燃烧前 CO_2 捕集)

化学吸收法也用于从加压气体混合物中分离气体。例如,天然气生产、水汽变换反应后从合成气中去除 CO_2 等。如果是高压气体混合物,可采用图 3.2 所示工艺,考虑到吸收和解吸工艺之间存在气压差,通过降低压力,溶解在溶剂中的气体组分便很容易解吸到气相,因此,最简单的工艺是安装闪蒸罐而不是再生器(图 3.3)。在加压系统中使用化学吸收法时,将会优化与目标产品和能源管理相关的工艺。另一种典型工艺是将闪蒸罐、再生器与重沸器相结合,通过溶剂循环实现处理目标(图 3.4)。

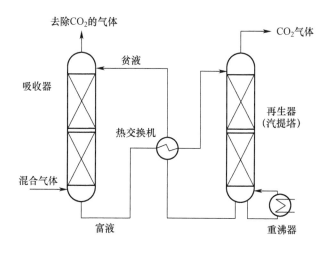

图 3.2 简单化学吸收工艺流程图(热再生)

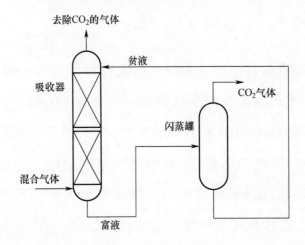

图 3.3 使用闪蒸罐的化学吸收工艺流程图(减压再生)

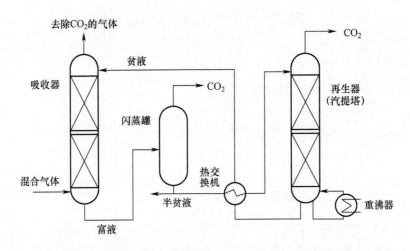

图 3.4 使用闪蒸罐和再生器的化学吸收工艺流程图

3.3 CO_2 捕集与储存技术中的 CO_2 捕集

CO_2 捕集和储存(CCS)以及太阳能、风能和其他可再生能源发电等清洁能源技术是具有前景的温室气体问题解决方案。在

第 3 章　CO_2 吸收捕集技术

CCS系统中，CO_2从大型CO_2排放源中捕集、压缩、运输后注入地下储存区，如深盐水层。根据国际能源署(IEA)《能源技术展望》，预计2050年CCS在减少全球温室气体排放方面的潜在效益将达到14%[8]，如图3.5所示。该效益不仅考虑了电力部门，如燃煤和燃气发电厂，还考虑了能源密集型工业部门。表3.1列出了每年排放量超过0.1Mt CO_2的大型固定CO_2源，显然，工业部门在此清单中[13]。

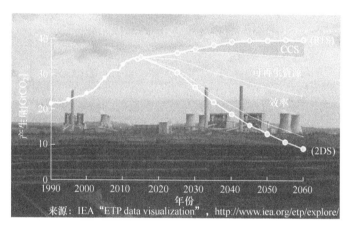

图 3.5　CO_2减排境况

表 3.1　全球每年排放超过 0.1 Mt CO_2 的大型固定 CO_2 排源概况[13]

工艺类型	CO_2排放源数量	排放量/(Mt CO_2/年)
化石燃料		
能源	4942	10539
水泥生产	1175	932

续表

工艺类型	CO_2排放源数量	排放量/(Mt CO_2/年)
化石燃料		
炼油	638	798
钢铁行业	269	646
石化行业	470	379
石油和天然气加工	—	50
其他	90	33
生物质		
生物乙醇与生物能源	303	91
合计	7887	13466

3.3.1 电力部门

现代社会严重依赖化石燃料。作为世界主要能源之一,煤炭燃烧产生了大量的CO_2,这是导致全球变暖的主要化合物。根据IEA的《世界能源展望》,2016年,煤炭发电占世界总发电量的41%[9]。当年,全世界燃料燃烧产生的CO_2排放量达到32.3亿吨,燃煤燃烧对其贡献为14.3亿吨[10]。因此,燃煤发电和相应温室气体排放技术的发展已成为重要课题。为了使CCS接近实际应用,人们非常关注从燃煤电厂的烟气中捕集CO_2。

3.3.2 工业部门

由于天然气加工、氨和尿素生产等行业中的CO_2捕集是工业化生产过程的一部分,因此,工业部门通过CCS进行CO_2捕集的可能性很大,其捕集到的CO_2释放到大气中或提供给化学和食品工业。IPCC报告中列举有水泥生产、炼油厂、钢铁行、石化行业以及石油和天然气加工行业,如表3.1所示。近十年,除了从发电厂捕集CO_2外,能源密集型行业也在密切关注CO_2减排技术。

3.4 研究与开发

IPCC报告[13]首次对CCS的CO_2捕集技术进行了评估,在其发布后,CO_2捕集技术成为全球研究和开发的热门话题。之后的10年里,我们可以在期刊和书籍中看到不少关于化学吸收的文章。下面是其中一些研究工作。

Liang等[4]介绍了用胺基溶剂捕集燃烧后CO_2的研究进展,内容包括溶剂化学(如CO_2溶解度)、反应动力学和核磁共振(NMR)分析、工艺设计、腐蚀溶剂管理和溶剂稳定性。

Mondal等[6]介绍了胺基溶剂替代品的研发工作。

Shi等[15]和Rayer等[14]介绍了胺—CO_2—H_2O的溶剂化学特性,以及CO_2在化学溶剂中溶解性的实验和理论研究成果。

Tan等[16]力图从工艺和工厂规范的角度说明关键溶剂技术,

以开发理想的化学溶剂。

Idem 等[7]报道了利用化学吸收进行燃烧后 CO_2 捕集的经验,特别是中试和应用示范过程中进行的研发工作。

使用溶剂技术中出现了一些 CO_2 捕集的新概念(国际能源署温室气体研究与开发计划机构(IEAGHG)2014[20])。相变溶剂、离子液体、催化溶剂等都属于这一类。

工业部门 CO_2 捕集的评估报告可在 IEAGHG 技术报告中找到[11-12]。

3.5 前沿技术

自从 CO_2 捕集系统(COCS)项目(由日本经济产业省(METI)资助)启动以来,RITE 在钢铁行业开展了高炉煤气 CO_2 捕集技术的研发。由于 CO_2 捕集技术将实现 CO_2 减排目标的 2/3,因此,在 2008 年开始的 COURSE 50 项目[18](由日本新能源和工业技术开发国家能源研究所(NEDO)委托)中,RITE 研发的 CO_2 捕集技术备受关注。

3.5.1 新型溶剂的开发

RITE 进行了钢铁高炉煤气中捕集 CO_2 的研发工作,并成功开发了新型吸收剂。用于 CCS 的高性能 CO_2 捕集溶剂应具有吸收热低、吸收速率中等和吸收容量高等特点。图 3.6 是新型胺基溶剂的开发示意图。首先,对数百种商业胺水溶液进行了研究,以了解充分捕集 CO_2 所需的溶剂特性。其次,使用筛分设备和量热仪测量 CO_2 的吸收速率、吸收量和吸收热。进而,通过实验分析和计算化学研究,明确 CO_2 与胺之间的反应机理,在此基础上合成了 CO_2 吸收剂。根据溶剂性能数据(CO_2 的吸收速率、吸收量和吸收热等物化数据),设计了新的胺混合物,其中每种胺都可以弥补其他胺的不足。也就是说,除了筛选研发胺化合物外,用吸收剂配制化学溶剂将是一种重要的研发方法,它比传统溶剂的热能需求更低。

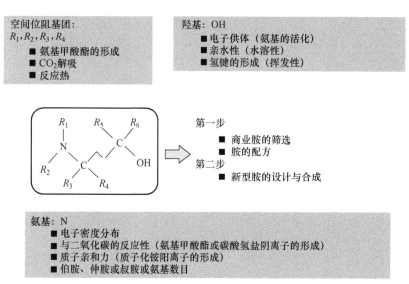

图 3.6 胺特性和研发原理图

此外,从实际应用和工艺优化的角度来看,技术开发非常重要。由于胺暴露于燃烧烟气杂质中,胺吸收剂的降解、副产物的产生、化学品的蒸发以及对环境的影响都非常重要。也就是说,研发除热稳定盐(HSS)的回收技术和抗腐蚀溶剂至关重要。

此外,所用的胺基溶剂不同,设备配置也不同,需要进行过程优化设计,因此,工艺模拟技术将更加实用。

表3.2总结了CO_2捕集技术研究需考虑的问题,即基于胺基溶剂的化学吸收技术研究课题。下面将详细说明关于吸收剂的筛选和能效评估。

表3.2 基于胺基溶剂的化学吸收技术研究课题

Ⅰ	CO_2捕集成本降低 —具有高CO_2吸收容量的高性能溶剂 —新型低温可再生吸收剂 —化学吸收新技术
Ⅱ	应用开发 —降解与回收 —腐蚀 —环境影响
Ⅲ	工艺优化 —工艺过程模拟

1. 筛选和性能测试

气体洗涤试验是确定溶液吸收和解吸CO_2性能的第一步[1]。将50mL胺水溶液放入250mL玻璃洗涤瓶中,并将气体混合物(例如高炉烟气模拟气:CO_2/N_2=20/80%(体积分数))通入瓶中。在最初的60min内,将瓶子置于40℃水浴中吸收CO_2,在随后的

60min，将瓶子置于70℃水槽中进行解吸试验。用于气体洗涤试验的洗涤系统如图3.7(a)所示。

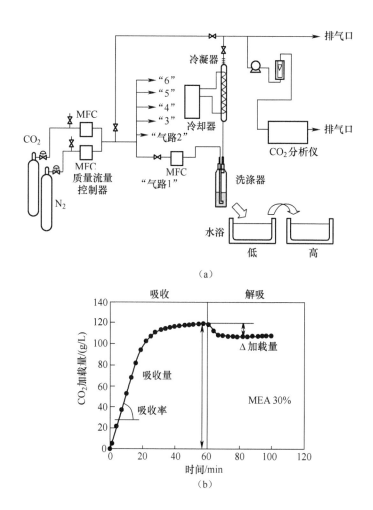

图3.7 筛选设备和获得的溶剂信息

(气体洗涤系统及测得的溶液吸收与解吸性能)

图3.7给出了气体洗涤试验的典型结果。根据测得的出口气

流中 CO_2 浓度估算胺水溶液中吸收的 CO_2 量,即"CO_2 载荷"。CO_2 载荷随时间的变化曲线清楚地显示了40℃和70℃时的 CO_2 吸收量。60min 内 CO_2 吸附曲线半点处的斜率为吸收速率,该参数用于反映胺溶液的吸收过程,以便开发具有更好特性的吸收剂。

图 3.8 是汽液平衡(CO_2 溶解度)测试实验装置示意图和典型测试结果。它由 $700cm^3$ 的圆柱形石英玻璃反应器、蒸气饱和器、CO_2 分析仪等组成。将特定浓度的 CO_2 气体混合物通入反应器,当 CO_2 分析仪指示出口气体浓度与入口气体浓度相同时,认为达到平衡。为了获得平衡数据,需测量气相和液相中的 CO_2 浓度。CO_2 分压由温度、气体总压力和气相中 CO_2 浓度计算得出。液相中 CO_2 浓度通过从反应器中取样测量得到。

除了上述两种溶剂的性质外,吸收热和反应机理对开发新溶剂很重要。用反应量热计测量胺水溶液的反应热。

此外,^{13}C 核磁共振波谱是一种很有用的分析胺基 CO_2 吸收溶剂的仪器,可以确定溶剂吸收 CO_2 后产生的氨基甲酸酯和碳酸氢根阴离子的数量。对于吸收产物以碳酸氢根阴离子为主的 CO_2 吸收溶剂,其胺分子的 CO_2 负载量更高。在与 CO_2 的反应过程中,伯胺和仲胺都可能同时产生氨基甲酸酯和碳酸氢根阴离子,但不同胺化合物所形成的碳酸氢根阴离子和氨基甲酸酯的比例不同。叔胺吸收 CO_2 的产物只有碳酸氢盐。

2. 能效评估

热能需求是化学吸收的关键参数,以再沸器热负荷除以捕集

第 3 章 CO_2 吸收捕集技术

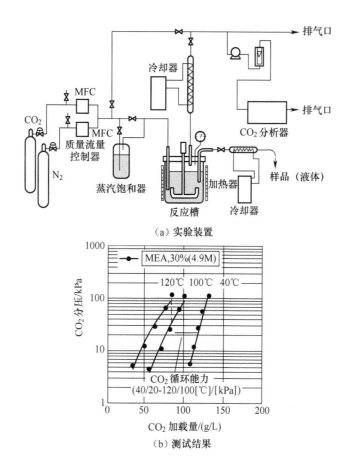

(a) 实验装置

(b) 测试结果

图 3.8 CO_2 溶解度测试实验示意图(气液平衡测试)

的 CO_2 量来衡量。热能由反应热、溶剂热损失和汽提塔顶部热损失三种能耗组成,如图 3.9 所示,如果忽略从 CO_2 捕集装置到大气的热损失,这种热平衡可表示为

$$Q_T = Q_V + Q_H + Q_R \tag{3.1}$$

对于包含汽提塔和富(贫)换热器的系统,可以通过热质平衡分析估算系统的热能需求。分析过程中,首先借助汽提塔(再生

器)平衡级模型得到工艺数据,进而,利用这些数据,即可以分别计算公式(3.1)中的三项热损耗,从而评估热能需求。

如果需要详细分析化学吸收过程,可以使用商业过程模拟软件。工艺过程数据都可以进行估算,如工艺中的物流成分、工艺装置温度、必要的再沸器热负荷等。工艺流程模拟软件 Aspen Plus® 就是一个著名的模拟工具。

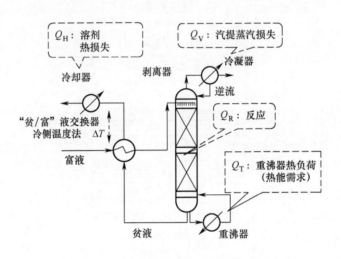

图 3.9　化学吸收的热能需求

在 RITE 的研发工作中,以特性较好的新溶剂作为候选溶剂,在实验室测试装置"CAT-LAB"中进行了测试(图 3.10)。测试装置主要包括一个吸收塔和一个汽提塔柱,类似图 3.2 所示的工艺流程。该装置从高炉烟气模拟气中捕集 CO_2 的能力高达约 5kg-CO_2/天。

46

第 3 章 CO_2 吸收捕集技术

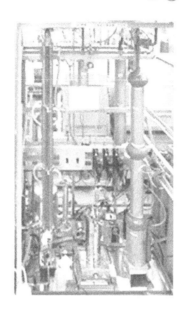

图 3.10 实验室规模的 CO_2 化学吸收测试装置，"CAT-LAB"

3.5.2 实验室阶段结果

我们评估了商用和合成胺类吸收剂的 CO_2 荷载能力、吸收热和吸收率，并研究了其构效关系。图 3.11 给出了部分研究结果[2]，它也反映了我们研发中考虑的一项关键指标。在筛选试验中，可以看到反应热与 CO_2 吸收速率之间存在权衡关系。我们发现，传统吸附剂存在反应热与吸收速率折中问题，而备选高性能溶剂吸收剂可以不受这种关系限制。因此，通过筛选各种胺类化合物，可以优选化合物来制备新的溶剂。

表 3.3 和图 3.12 给出了新型高性能溶剂和作为参比的常规溶剂 MEA（质量分数为 30% 的水溶液）的溶剂特性。溶剂 A 虽然

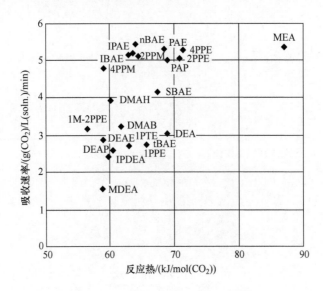

图 3.11 吸收热与吸收率的关系[2]

注:PAE:2-(丙基氨基)乙醇,PAP:丙氨基丙醇,nBAE:2-(丁基氨基)乙醇,IPAE:2-(异丙基氨基)乙醇,tBAE:2-(叔丁基氨基)乙醇,SBAE:2-(丁烷-2-基氨基)乙醇((sec-butylamino)ethanol),IBAE:2-(异丁基氨基)乙醇,2PPM:2-哌啶甲醇,4PPM:4-哌啶甲醇,2PPE:2-哌啶乙醇,4PPE:4-哌啶乙醇,DMAB:4-(二甲基氨基)丁醇,DMAH:6-(二甲基氨基)己醇,DEAE:2-乙胺乙醇,DEAP:3-二乙胺-1-丙醇,IPDEA:N-异丙基二乙醇胺,1M-2PPE:1-甲基-2-哌啶乙醇,1PPE:1-哌啶乙醇,MEA:单乙醇胺,DEA:二乙醇胺,MDEA:N-甲基二乙醇胺。

吸收速率略有降低,但循环吸收容量增大,吸收热明显降低。此外,图 3.12 所示的 CO_2 溶解度表明,溶剂可以很容易地在吸收器中吸收大量的 CO_2,并在再生器中解吸大部分 CO_2。

图 3.13 给出了能耗的计算值和实验测试值。新溶剂具有良好的解吸性能,其贫溶剂的 CO_2 载荷比 MEA 低,CO_2 吸附容量较大,如图 3.12 所示。由于新溶剂反应热低、CO_2 吸收容量高,与 MEA 水溶液相比,其能量需求较低。

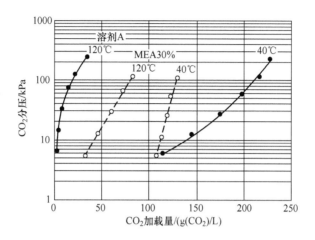

图 3.12 新型溶剂中 CO_2 的溶解度

表 3.3 新型溶剂的性能

溶剂	吸收速率 (g/L/min)	循环吸收容量 (g/L)	吸收热量 (kJ/mol)
30% MEA 溶剂（质量分数）	5.5	62	87
溶剂 A	4.3	154	68

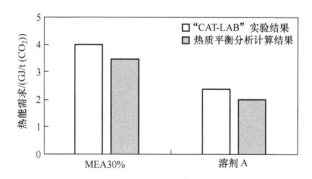

图 3.13 一种新型溶剂的能耗

3.5.3 扩大规模与应用示范

新溶剂在钢铁厂试验装置中进行了测试,以验证其实际应用效果。图3.14为试验装置设备。在中试装置(图3.14中的右侧)上,从高炉烟气(BFG)中捕集CO_2的能力约1t/天。在工艺评价装置(图3.14中的左侧)上从BFG捕集CO_2的能力约达到30t/天。试验处理气体来自于工厂输气管中分压为20kPa CO_2的高炉煤气。

此外,为了形成商用技术,我们还研究了一些工艺参数对吸收效果的影响,如BFG进料速率、溶剂循环速率、CO_2汽提用再沸器蒸气和汽提器压力。

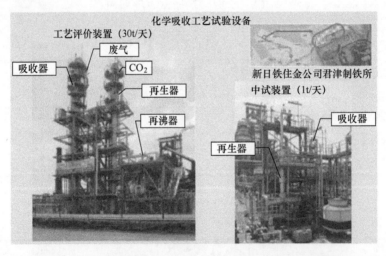

图3.14 高炉煤气CO_2捕集化学吸收工艺试验设备[18]

3.5.4 效果

1. 用于燃烧后CO_2捕集的新溶剂中试试验

本书评估了RITE开发的一种新型胺基溶剂对电厂燃煤烟气

中 CO_2 的捕集性能[3]。在本书的研究中使用了一套安装在燃煤发电厂的中试装置。其烟气进料能力约为 $2100Nm^3/h$(约 10t/天),其中 CO_2 含量约为 12%。进入吸收塔的烟气从烟气脱硫段(FGD)的下游气流中抽取,并通过另一套 FGD 装置后返回主气路。表 3.4 是中试工厂测试结果。通过再沸器蒸气投料和液气比优化,CO_2 回收率为 90%时,能量需求为 3.0GJ/t。

2. 新溶剂在商业工厂的应用

新日铁住金工程有限公司(Nippon Steel&Sumikin Engineering Co.,Ltd.)运营的商业 CCS 工厂采用了 RITE 开发的新型吸收剂。第一个 CCS 工厂于 2014 年开始运行(图 3.15),第二个 CCS 工厂于 2018 年开始运行。RITE 的研究成果有助于 CO_2 捕集技术在不同工业排放源中应用。

表 3.4　一种用于燃烧后 CO_2 捕集的新型溶剂中试试验评估结果[3]

运　行　条　件	
进气	进气速率:2100(Nm^3/h) 温度:35℃ CO_2 浓度(干燥):12%
吸收器	进口溶剂温度:35℃
汽提塔	最高压力:0.12MPaG

续表

运行条件	
运行6次	
L/G[a]/(kg(溶剂)/Nm^3)	2.2
再沸器蒸气供给速率/(GJ/h)	1.3
运行结果	
吸收器	
CO_2浓度(干燥)/%	1.3
顶部温度/℃	60.1
底部温度/℃	37.5
汽提塔	
顶部温度/℃	100.0
底部温度/℃	124.6
性　能	
CO_2回收率/%	91
能量需求/(GJ/t(CO_2))	3.0

注：[a] L/G 为液气比例。

3.6　新研究方向的探索

RITE 化学吸收方面的研发已经在 3.5 节中描述。利用所积

第 3 章 CO_2 吸收捕集技术

图 3.15 第一个将二氧化碳作为工业气体供应的商业工厂现场照片
(施工现场为新日铁住友金属株式会社;照片由新日铁住金工程有限公司提供。)

累的吸收剂知识,我们正在拓展研究工作。RITE 正积极开展的"高压再生化学吸收法"成为当前 RITE 的研究热点。本节将简要介绍高压再生化学吸收技术。

3.6.1 高压可再生化学吸收法

目标气体的分压越高,气体越容易溶解到液体中。因此,在目标气体分压高时,高压化学吸收就能在工业上应用,例如,天然气的净化,烃类蒸汽重整后从 H_2 和 CO_2 混合气体中去除 CO_2 等。

通常的工艺流程如 3.2 节所示,为了充分降低贫液中 CO_2 的溶解量,需通过加热排除 CO_2。

有研究者提出,因为 CCS 是由多个单元操作组成的系统,如

图 3.16 所示,所以不应只对单元过程进行单独考察,而应重点对相邻过程进行全面考察,以构建更加优化的系统。我们提出了一项技术研究,目的是通过整合回收过程与压缩过程来降低能耗。

高压可再生化学吸收概念由得克萨斯大学[5]、日本日挥株式会社(JGC)[17]和 RITE[19]提出。RITE 的研究将在下一节讨论。

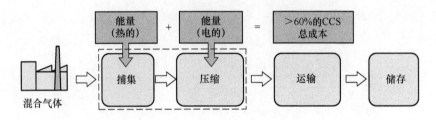

图 3.16　CO_2 捕集与存储(CCS)

3.6.2　新型高压可再生吸收剂

RITE 推进了含 CO_2 高压气体混合物化学吸收剂的开发,获得了优异的 CO_2 吸收和解吸性能。该研究的目的是开发高效吸收剂,使 CO_2 解吸时,能够同时保持初始气体混合物的高 CO_2 分压(图 3.17)。这种新的 CO_2 捕集材料被命名为高压可再生吸收剂。使用这些新型吸收剂时,由于捕集的 CO_2 处于高压状态,因此捕集后的 CO_2 压缩过程能量消耗显著降低。

先前设计的几种新型吸收溶剂已经表现出较高的 CO_2 回收能力以及较高的 CO_2 吸收和解吸速率。除了这些性能外,其在 1MPa 以上的高压条件下反应热相对较低(图 3.18)。使用该工艺时,CO_2 分离和捕集的总能耗率(包括压缩所需的能量)估计低于 1.1

GJ/tCO$_2$(吸收:1.6MPa CO$_2$,解吸:4.0MPa CO$_2$)。

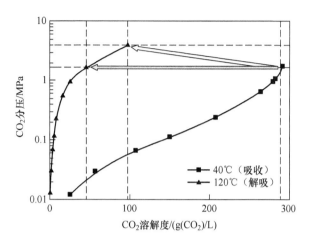

图 3.17 从加压气体混合物中捕集 CO$_2$ 的新型化学溶剂和处理工艺

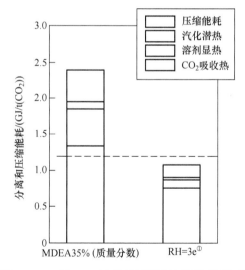

图 3.18 从 CO$_2$ 捕集到压缩的总能量需求

---

① 原著作者实验溶剂——译者注

3.7 小　　结

吸收法是气体分离技术之一。利用化学吸收剂将目标气体从气体混合物中分离的方法已成为研发热点。由于化学吸收技术成熟度较高,因此CCS在CO_2捕集方面的应用比其他气体分离技术更为广泛。此外,可以说,进行CO_2捕集的燃煤发电厂已就绪。实际上,使用燃烧后技术的CO_2驱油与埋存技术(CCS-EOR)已经投入应用。

虽然化学吸收技术成熟度高,但实施CCS仍然存在能量需求过高的问题。因此,人们不断研究开发新的吸收剂和节能工艺。RITE开发了用于从高炉烟气中捕集CO_2的新型胺基溶剂,并且其能耗比传统溶剂更低。这种新型溶剂作为商业化学吸收剂已在工业上使用。

此外,RITE利用胺类化合物化学吸收剂的研发经验,开发了高压再生化学吸收剂,其能耗水平为$1.1GJ/t(CO_2)$。

图3.19显示了CCS在化学吸收方面面临的挑战。在缩减二氧化碳排放量的大环境下,CCS作为减缓全球变暖的技术对策,其推广应用并不容易。为了进一步获得低能耗、低成本的创新技术,需要进一步加大化学吸收的研发力度。

致谢

RITE的研发在日本经济产业省(METI)资助的COCS项目中

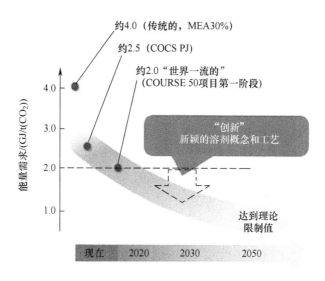

图 3.19 面临的挑战

开展,同时也受到新能源和工业技术发展组织(NEDO)委托的 COURSE 50 项目支持。

参考文献

[1] Chowdhury FA, Yamada H, Higashii T, Goto K, Onoda M (2013) CO_2 capture by tertiary amine absorbents: a performance comparison study. Ind Eng Chem Res 52:8323-8331.

[2] Chowdhury FA, Yamada H, Higashii T, Matsuzaki Y, Kazama S (2013) Synthesis and characterization of new absorbents for CO_2 capture. Energy Procedia 37:265-272.

[3] Goto K, Kodama S, Higashii T, Kitamura H (2014) Evaluation of amine-

based solvent for post-combustion capture of carbon dioxide. J Chem Eng Japan 47(8):663-665.

[4] Liang Z, Rongwong W, Liu H, Fu K, Gao H, Cao F, Zhang R, Sema T, Henni A, Sumon K, Nath D, Gelowitz D, Srisang W, Saiwan C, Benamor A, Al-Marri M, Shi H, Supap T, Olson W, Idem R, Tontiwachwuthikul P (2015) Recent progress and new developments in post-combustion carbon-capture technology with amine based solvents. Int J Greenh Gas Control 40:26-54.

[5] Lin Y-J, Rochelle GT (2014) Optimization of advanced flash stripper for CO_2 capture using piperazine. Energy Procedia 63:1504-1513.

[6] Mondal MK, Balsora HK, V arshney P (2012) Progress and trends in CO_2 capture/separation technologies: a review. Energy 46:431-441.

[7] Idem R, Supap T, Shi H, Gelowitz D, Ball M, Campbell C, Tontiwachwuthikul P (2015) Practical experience in post-combustion CO_2 capture using reactive solvents in large pilot and demonstration plants. Int J Greenh Gas Control 40:6-25.

[8] IEA (2014) Energy technology perspective.

[9] IEA (2016) World energy outlook.

[10] IEA (2018) CO_2 emissions from fuel combustion.

[11] IEAGHG (2013a) Overview of the current state and development of CO_2 capture technologies in the ironmaking process. Report:2013/TR3.

[12] IEAGHG (2013b) Development of CCS in the cement industry. Report:2013/19.

[13] IPCC (2005) Special report of carbon dioxide capture and storage. Cambridge University Press.

[14] Rayer A V, Sumon KZ, Sema T, Henni A, Idem R, Tontiwachwuthikul P (2012) Part 5c: solvent chemistry: solubility of CO_2 in reactive solvents for post-combustion CO_2. Carbon Manag 3:467-484.

[15] Shi H, Liang Z, Sema T, Naami A, Usubharatana P, Idem R, Saiwan C, TontiwachwuthikulP (2012) Part 5a: solvent chemistry: NMR analysis and studies for amine-CO_2-H_2O systems with vapor-liquid equilibrium modeling for CO_2 capture processes. Carbon Manag 3:185-200.

[16] Tan Y, Nookuea W, Li H, Thorin H, Y an J (2016) Property impacts on carbon capture and storage (CCS) processes: a review. Energy Convers Manag 118:204-222.

[17] Tanaka K, Fujimura Y, Komi T, Katz T, Spuhl O, Contreras E (2013) Demonstration test result of High Pressure Acid gas Capture Technology (HiPACT). Energy Procedia 37:461-476.

[18] Tonomura S (2013) Outline of COURSE50. Energy Procedia 37:7160-7167.

[19] Y amamoto S, Machida H, Fujioka Y, Higashii T (2013) Development of chemical CO solvent for high pressure CO_2 capture. Energy Procedia 37:505-517.

[20] IEAGHG (2014) Assessment of emerging CO_2 capture technologies and their potential to reduce costs, 2014/TR4.

第4章
CO_2 吸附捕集技术

4.1 吸附分离法概述

4.1.1 简介

目前,CO_2吸附法已投入实际应用,并作为一种从大规模排放源中分离和回收CO_2的方法进行研究,但还需要进一步降低分离能并进行装置紧凑化设计。这类装置的优点是启动、停止操作方便,无须对废液进行处理,如果能研制出化学性能稳定的高性能吸附剂,可大幅度降低成本,节约能源。在本章中,除了介绍吸附方法和最新动态外,还将介绍 RITE 目前正在研发的新型节能CO_2吸附分离情况。

4.1.2 吸附分离法

吸附分离法是指将气体或液体中的特定组分吸附到多孔固体

(吸附剂)中,并分离、浓缩、去除和收集这些组分的方法。

吸收法和吸附法本质上是基于相同原理的分离方法。通过与对 CO_2 具有亲和力的液体吸收剂或固体吸附剂接触,可以将 CO_2 从含 CO_2 的气体中分离出来。将与 CO_2 反应后的基体转移到另一个容器中,改变容器内条件(如加热或减压等),以释放和收集 CO_2,使基体再生。如果是洗涤吸附剂,吸附剂(液体)在两个容器之间循环流动并重复吸收/再生。如果是固体吸附剂,一般情况下,吸附剂不会在容器中移动。如图 4.1 所示,外部环境在同一个容器内变化(称为固定床系统;吸附剂在容器中移动称为流化床)。由于固体吸附剂很难从容器中取出,因此,与化学吸附剂相比,不利于加热再生,但它不需要考虑蒸汽损失,有可能降低能源消耗,这却是化学吸收剂存在的问题。

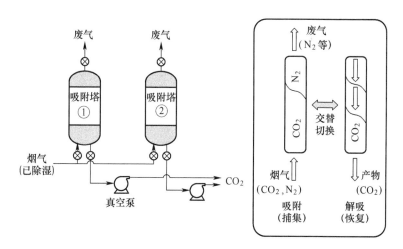

图 4.1 吸附分离法原理(PSA)

吸收液和固体吸附剂需要经常补充才能补偿其性能的下降和

消耗。目前,已经开发出使用新型吸收液和固体吸附剂的新工艺,但它们之间的共性问题是必须处理大量 CO_2。此外,当吸收液(吸附剂)价格昂贵时,需要考虑吸收液(吸附剂)的价格和降解产物的成本。

吸附包括范德瓦耳斯力作用下的弱物理吸附和化学键作用下的强化学吸附。在物理吸附中,主要采用沸石或活性炭作为 CO_2 吸附剂。在使用物理吸附的分离方法中,可以通过改变温度和压力来解吸和再生被吸附物质,从而重复使用吸附剂。

胺基无机多孔材料、铝碳酸镁(水滑石)、氧化钙、硅酸锂等常作为化学吸附剂[4]使用。化学吸附剂通常比物理吸附剂使用温度高。用于特殊用途(如载人航天)的吸附剂很难再生,如氢氧化锂和氧化银,有时它们在低温下使用后即丢弃(表 4.1 和表 4.2)。

表 4.1 物理吸附和化学吸附

类型	物理吸附	化学吸附
原理	范德瓦耳斯力	化学键(电荷转移)
温度	低温大量吸收	相对高温反应
吸附质	非选择性	选择性
吸附热	小(8~20kJ/mol) (等于吸附质缩合热)	大(40~800kJ/mol) (等于反应热)

续表

类型	物理吸附	化学吸附
可逆性	可逆	可能不可逆
吸附速率	快	慢(需要活化能)

表 4.2 CO_2 吸附剂分类

类型	吸附剂	应用
物理吸附剂	分子筛(5A、13X)	气体净化、空间站(ISS)、研发阶段(从高炉中捕集 CO_2)
	活性炭	气体净化
	金属有机骨架材料 MOFs[①]	研发阶段(用于高压 CO_2 分离)
化学吸附剂	胺改性氧化物/活性炭/MOFs	研发阶段(燃烧后捕集)
	水滑石	研发阶段(吸附增强反应等)
	掺钾碳、掺氮碳	研发阶段(燃烧后捕集)
	氧化钙、硅酸锂/锆酸锂	研发阶段(化学链燃烧)
	LiOH,AgO($MetO_x$)	航天服生命支持系统

---

① MOF 指一种金属有机骨架材料,如沸石;MOFs 指各种各样的金属有机骨架材料。——译者注。

4.1.3 基于物理吸附法的 CO_2 分离回收技术

通过物理吸附法分离和回收 CO_2 过程中,由于范德瓦耳斯力引起的相互作用,吸附剂将选择性地吸附 CO_2 而不是其他气体。然后,通过减压或加热对被吸附的 CO_2 进行解吸,以分离和回收浓缩的 CO_2。

CO_2 的解吸方法有两种:利用压差的变压吸附(PSA)法和利用温差的变温吸附(TSA)法。也就是说,将吸附在吸附剂上的特定气体与未被吸附的组分分离后,前者通过减压解吸,主要用于物理吸附;后者则通过加热解吸,主要用于化学吸附。由于 PSA 法可以缩短循环时间,被广泛应用于氮氧分离和氢气精炼等过程。

此外,还有 PSA 与 TSA 相结合的变压变温吸附(PTSA)法,如图 4.2 所示。通过解吸时加热吸附剂,PTSA 法可以提高吸附剂的再生能力,同时减少减压所需能耗(主要是真空泵能耗)。用火电厂中未使用的能源等作为热源,将是一种经济型方案。

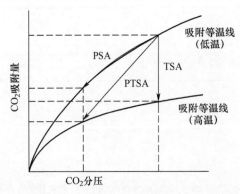

图 4.2　PSA 法和 TSA 法解吸原理

1. 沸石

最具代表性的物理吸附剂是沸石。沸石是一种结晶铝硅酸盐,对气体的吸附主要来自分子骨架结构中与(AlO_4)⁻结合的阳离子产生的局域静电场与分子极性之间的相互作用。因此,它选择性地吸附具有偶极矩和四极矩的极性分子和极化分子。此外,沸石具有接近气体分子直径的几个埃①水平的三维均匀孔(图4.3)。

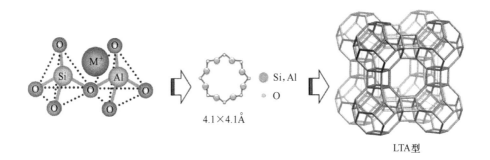

图4.3 沸石的框架结构(LTA 型)

这些孔隙由四到十四元氧环组成,显示出分子筛效应,可以根据氧环的大小控制分子向孔中扩散。因此,为了对气体分离净化和纯化,吸附分子尺寸必须小于沸石孔径。

一般来说,各种原料气体中存在的极性杂质气体的选择性如下:$H_2O > C_2H_5SH > CH_3SH > NH_3 > H_2S > SO_2 > COS > CO_2$。

从上面的排序可以看出,对于一般的沸石来说,水的选择性最

---

① 长度单位 Å,10Å=1nm。——译者注

强,而且它的吸附能力也很强,所以在石化工艺中经常作为吸湿材料用于干燥气体和液体。

因此,当沸石作为吸附剂用于分离和回收CO_2时,需要预处理以去除水分。

2. 金属有机骨架材料(MOFs)

由金属离子和有机配体构成的一类新型多孔材料在材料化学领域引起了广泛的关注,,即金属有机骨架材料(MOFs)或多孔配位聚合物(PCPs),关于MOFs的报道很多,请参考文献[22-23,27,33]。据报道,许多MOFs在CO_2捕集能力方面优于传统多孔固体(如沸石)[13,31],如表4.3所示。但MOFs对H_2O比较敏感,水分将导致其性能下降或骨架坍塌,这是应用于工业CO_2捕集时存在的一个重要问题。

表4.3 313K下部分MOFs的高压CO_2吸附能力

材料①	压力/MPa	吸附容量/(mol/kg)
MOF-177	0.1,1.6,3.9	0.9,16.2,33.8
BeBTB	0.1,1.6,3.9	0.9,16.4,30.2
CoBDP	0.1,1.6,4.0	0.3,11.7,16.6

---

① 这些均是金属有机骨架材料,其命名原则包括实验室名称、材料成分、组成结构合成方法等。目前典型的一些材料有相应的中文名称,多数以代号的形式出现;BeBTB是由皮离子(Be)与1,3,5-三(4-羧基苯基)苯(H_3BT)组成的配位聚合物;CoBDP是由钴离子(Co)与1,3-二(1H-吡唑-4基)苯(H_2BCP)组成的配位聚合物;CuBTTri是由铜离子(Cu^{2+})与1,3,5-三苯(三唑-5-烷基)苯(H_3BTTri)配体组成的配位聚合物;Mg_2(dobpdc)又称Mg-IRMOF-74-Ⅱ,由镁离子(Mg^{2+})与2,5-二羟基联苯二甲酸组成的配位聚合物;HKUST-1为1,3,5-均苯三羧酸铜。——译者注

续表

材料①	压力/MPa	吸附容量/(mol/kg)
CuBTTri	0.1,1.6,3.9	2.2,13.1,17.0
$Mg_2(dobdc)$	0.1,1.6,3.5	8.0,14.3,15.1
HKUST-1	0.4,1.5,3.9	8.4,12.7,13.7

3. 目前物理吸附分离方法存在的问题

在传统的物理吸附方法中,由于在水蒸气存在时,沸石吸附剂对CO_2的吸附量显著降低,所以废气中的水蒸气需要先通过预处理进行分离和去除,再对CO_2进行吸附和分离。当沸石用作CO_2吸附剂时,必须在-30~-60℃的露点下使用。在这种情况下,大约30%的CO_2分离回收能量用于除湿。传统的CO_2物理吸附方法主要使用沸石吸附剂和活性炭。

13X沸石具有优异的CO_2吸附能力[1,21]。如图4.4所示,X型沸石对CO_2吸附符合朗缪尔(Langmuir)等温吸附模型,并且在大约10~15kPa的低CO_2分压下可以获得高CO_2吸附量,相当于热电厂废气中的CO_2浓度。但是,在解吸过程中,需要进行真空泵降压(PSA)或加热(TSA),能量需求量大。

废气温度在313K时,CO_2的吸附量高达5mol/kg,但废气温度333~373K时[28],吸附量难以达到最高值。如果在此温度范围内增加吸附量,则可以使装置紧凑。此外,除了通过吸附法节省能量外,设备的紧凑化也是一个重要课题。因此,即使在水蒸气共存的条件下,也可以进行CO_2分离。另外,应该测试更多吸附材料,这

些吸附材料对 CO_2 的吸附能力可能超过常规 13X 分子筛。

如果能够研制出水蒸气存在的情况下也能吸附分离 CO_2 的化学吸附剂,就不需要对水蒸气进行预处理,从而可以降低 CO_2 分离的能量,并简化过程。

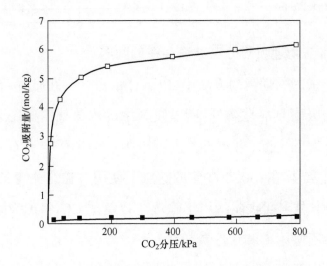

图 4.4　13X 型沸石 (313 K 下) 的 CO_2 吸附等温线

(□:干燥条件,■:湿润条件。)

4.2　基于化学吸附法的介孔材料 CO_2 分离回收技术

有机功能化介孔二氧化硅因其作为吸附剂和催化剂广泛应用而受到关注[2,9,18,20,44-45]。由于介孔二氧化硅具有均匀的大孔,且比表面积较高,通过有机硅烷分子的表面修饰,可以在孔壁上均匀地引入大量的活性位点或吸附位点。

介孔材料是孔径介于微孔材料(如沸石)和大孔材料(如多孔玻璃)之间的物质,孔径为 2~50nm。介孔材料用无机化学物质组成的二维或三维聚合物(如表面活性剂和氢氧化物等)合成,其孔道均匀分布且孔径非常狭窄,这与硅胶等具有介孔的普通材料不同。

20 世纪 90 年代初,黑田精工(Kuroda)株式会社小组[19]和美孚(Mobil)公司[26]等研究人员分别使用有机模板合成了介孔二氧化硅。它们具有规则的孔结构,介孔区域孔径均匀,并且具有大比表面积和孔体积。由于其有趣的性质,人们开始关注介孔二氧化硅,开发了新的合成方法,并研究了其在载体材料(如催化剂或吸附剂)中的应用,用于处理比沸石孔径大的分子[5]。

由于介孔二氧化硅孔径和孔容大,可以通过化学键作用将大分子引入孔内(图 4.5)。因此,利用这个优点,可以防止胺挥发,并提高处理便利性。

介孔材料不仅可以合成二氧化硅,还可以合成具有不同组成和不同孔隙结构的物质,如硫化物、磷酸盐、碳等。此外,利用各种官能团进行表面改性,还可以与有机物结合。因此,我们可以设计并有望制备出具有优异气体吸附/解吸性能的材料。

因此,各种胺改性介孔材料吸附 CO_2 的研究[2,6,11,14-18,30,42,44-45]非常多。

用于 CO_2 捕集的胺功能化多孔材料可分为三类:胺浸渍(1类)、胺接枝(2类)和原位聚合胺接枝(3类)材料[29]。硅树脂主

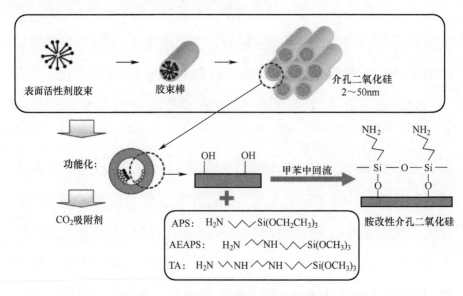

图4.5 介孔二氧化硅表面胺改性

要用作支撑材料。结果表明,载体材料的孔径大小、胺的分子结构、胺的组成以及吸附温度对CO_2吸附性能有重要影响。

日吉(Hiyoshi)等[16]评价了氨基硅烷接枝SBA-15介孔二氧化硅(2类)对CO_2的吸附性能。SBA-15表现出较高的CO_2吸收率,且CO_2的吸附能力随着胺的表面密度增加而增加(详见4.4.1节)。然而,通过接枝法引入胺将受到表面羟基基团数量的限制。

另外,湿法浸渍(1类)是一种简单的制备方法,与接枝方法[48]相比,可以将大量胺引入支撑材料的孔隙中,从而获得更高的CO_2吸附能力。为了用浸渍法制备高吸附性能的CO_2吸附剂,常采用四乙基五胺(TEPA)[10,39,50]、五乙基四胺(PEHA)[35]、二乙基三胺(DETA)[43]、聚乙烯亚胺(PEI)[38,41]等多胺对载体进行改性。通常选用 SBA-12[9]、SBA-15[16]、MCM-41[7,8,49]、SBA16[25]、MSU[40]、MSF[47]等结构有序、比表面积大、孔径/孔容积大的多孔二氧化硅材料,将较多胺加载到孔隙通道中。

迄今为止,通过将 TEPA 和氨基醇浸渍在介孔二氧化硅材料[6]中,开发了几种新的高性能 CO_2 吸附剂。通过共混含羟基有机物可以提高胺浸渍二氧化硅的 CO_2 吸附能力。道(Dao)等报道了 TEPA40-DEA30/MSU-F 吸附剂,该吸附剂以大孔二氧化硅(MSUF)为基体,经 TEPA(质量分数为40%)和 DEA(质量分数为30%)浸渍后,在温度为 323K、压力为 100kPa 时最大 CO_2 吸附量为 5.91mmol/g。

Quyen 等报道,在 TEPA 中加入含给电子基团的咪唑可协同提高固体吸附剂的 CO_2 吸附能力、胺效率、工作容量和再生能耗。报道认为,咪唑与氨基之间的正相互作用可能源于咪唑的质子受体能力以及质子和 CO_2 向次表面反应位点扩散的改善。在废气温度为 323K 和压力为 100kPa 条件下,浸渍 30% 4-甲基咪唑和 40% TEPA 的介孔二氧化硅 CO_2 吸附容量最高(5.88mmol/g)[32]。

4.3 CO_2 吸附分离法的研究进展

作为项目的一部分,日本正在研究吸附分离技术,该项目旨在显著减少高炉排放的 CO_2。与此同时,美国正在通过固体吸收剂进行吸附分离及燃煤电厂 CO_2 回收技术研究。

新能源和产业技术综合开发部(NEDO)资助的日本"美丽地球50"计划由日本钢铁联合会(JISF)领导,与六大钢铁行业和相关公司合作,旨在减少炼钢过程中CO_2排放,它推动了包括CO_2捕集在内的绿色炼钢技术发展。JFE钢铁公司建造了一个处理量为3t/天的CO_2变压吸附(PSA)装置,称为ASCOA-3,以评估高炉煤气的CO_2捕集性能。结果表明,沸石对CO_2的捕集纯度大于90%,回收率为80%[34]。由于沸石对水蒸气的吸附比CO_2强,因此,水蒸气存在情况下,通过这种吸附方法进行燃烧后CO_2捕集时需要除湿,所消耗能量占CO_2分离总能量的30%。如果有耐水性的固体吸附剂,则可以取消除湿步骤,CO_2捕集设备就可以更紧凑,能耗更低。

最近,聚乙烯亚胺负载二氧化硅等胺改性的固体吸附剂以耐水性等特性引起了许多研究者的兴趣。美国国家能源技术实验室(NETL)用液体胺和黏土矿物开发了胺改性固体吸附剂[37]。在水蒸气存在条件下,黏土胺吸收剂能够在温度为30~60℃的水蒸气存在下捕集CO_2,并在温度为80~100℃再生,为此,2009年获得由美国《研究与发展》(R&D)科技杂志主办的美国科技创新奖(R&D100 Award)。根据NETL的初步系统分析,黏土胺吸附剂所需的再生能量比传统胺水洗涤所需的能量低2.5倍。此外,550MW的发电厂每年可节省1500万美元,预计在30年的使用寿命内可能达到4.5亿美元。北卡三角研究院(RTI)与其合作伙伴共同开发了一种先进的基于固体吸附剂的CO_2捕集工艺,该工艺可大幅降低从燃煤电厂捕集 CO_2 的能耗和成本。并且,使用某种具有应用前景的吸附剂,结合 RTI 循环流化床反应器(FMBR),对实际燃煤烟气进行了实验室规模评估,以证明该工艺过程的可行性。

2010 年,经济、贸易和工业部(METI)资助的项目研究目标就包括开发胺改性固体吸附剂,以更加有效地捕集 CO_2,并建立 CO_2 捕集系统评估标准。我们正在制备适用于燃煤电厂 CO_2 捕集的胺改性固体吸附剂,处理目标是 1.5GJ/t CO_2。以上概述了我们在胺改性固体吸附剂方面的研究进展。

4.4 日本地球环境产业技术研究所开发的新型 CO_2 吸附分离技术

下面,将介绍我们正在研发的新型节能 CO_2 吸附分离方法。

4.4.1 胺接枝介孔二氧化硅

RITE 通过在介孔二氧化硅表面接枝胺基,开发了一种耐蒸气的固体吸附剂。与通常用于气体捕集和分离的微孔材料相比,介孔材料具有更大的孔径(2~50nm)和更大的孔容,使得接枝胺的尺寸和数量可以在很宽范围内调整(图 4.6)。这种固体吸附剂能够简化 CO_2 捕集过程,而且,其耐蒸气性可以降低能耗需求。此外,通过将胺固定在固体载体上,还可以减少胺损失并提高处理的便利性。

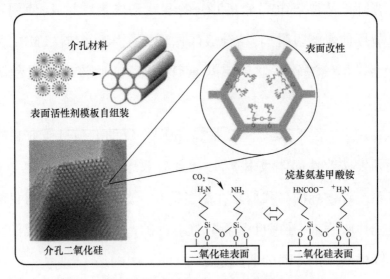

图 4.6 氨基硅烷改性介孔二氧化硅吸附 CO_2 机理

由于固体载体可能具有多种化学成分、孔形态和表面官能团,因此,允许合成具有高吸附/解吸性能的 CO_2 捕集新材料。RITE 发现,胺基接肢密度高的固体吸附剂在潮湿条件下表现出高 CO_2 吸附性能。使用各种氨基硅烷接枝介孔分子筛 SBA-15 形成了多种材料:3-氨基丙基三乙氧基硅烷($H_2NCH_2CH_2CH_2-Si(OCH_2CH_3)_3$,APS),N-(2-氨基乙基)3-氨基丙基三甲氧基硅烷($H_2NCH_2-CH_2NHCH_2CH_2CH_2Si(OCH_3)_3$,AEAPS)和(3-三甲氧基硅丙基)二乙基三胺($H_2NCH_2CH_2NHCH_2CH_2NHCH_2CH_2CH_2Si(OCH_3)_3$,TA)。

吸附剂的胺含量与 CO_2 吸附量之间的关系如图 4.7(a)所示。APS-①、AEAPS-和 TA-修饰 SBA-15[14,16] 的 CO_2 吸附量随着胺含

---

① -为原文表达方式,表示用这些物质修饰(改性)的材料。——译者注

量的增加而增加。值得注意的是,吸附容量与胺含量不成比例,而是呈指数增长。图 4.7(b) 显示了 APS-、AEAPS-和 TA-改性 SBA-15 的胺效率与胺表面密度的关系,其中,胺效率是胺表面密度的函数,由方程式(4.1)定义。

$$胺效率[-] = CO_2吸附量(mmol/g)/胺量(mmol/g) \quad (4.1)$$

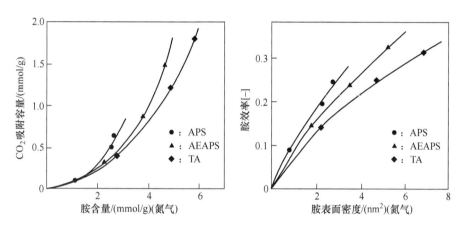

图 4.7 333K,N_2,15kPa CO_2 和 12kPa H_2O 条件下,

胺含量与 CO_2 吸附容量的关系(左),胺表面密度与胺效率的关系(右)

((●)APS-、(▲)AEAPS-和(■)TA-改性 SBA-15)

这些吸附剂的胺效率随着胺表面密度的增加而增加。因此,CO_2 吸附位点应该是密集锚定的胺,而不是孤立的胺。根据红外测试(IR)结果,对 CO_2 的吸附可能源于胺和硅烷醇之间的强相互作用,特别是胺表面密度低时。

这可能是因为温度超过 333K 后,胺基和 CO_2 反应生成的氨基甲酸酯(R_2NCOO^-)不受湿度的影响。例如,接枝三胺的吸附剂

MSU-H(TA/MSUH)在潮湿条件下表现出与沸石13X在干燥条件下相似的CO_2吸附性能(图4.8)[17]。该特性允许省去CO_2吸收之前所需的除湿步骤,从而减小设备的体积。最近,我们还研究了这种材料在太空生命支持系统中的应用。

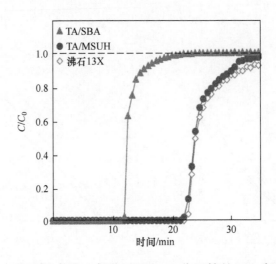

图4.8 胺改性介孔二氧化硅和13X分子筛的CO_2穿透曲线

气体组成:CO_2(15%)-H_2O(12%)-N_2(TA/MSUH,TA/SBA) CO_2(15%)-N_2(沸石13X);温度:313K

4.4.2 胺浸渍固体吸附剂

固体吸附剂技术有望通过使用胺负载多孔材料来降低再生过程的预期热负荷,表现出与胺基溶剂相似的CO_2吸附特性(图4.9)。

如图4.5所示,胺接枝/浸渍的介孔材料表现出优异的CO_2吸附性能。具有大孔容、大孔径和良好孔隙互联互通性的有序介孔二氧化硅载体,有利于提高吸附剂的 CO_2 捕集能力。因此,二氧化硅介孔材料成为固体胺吸附剂的理想载体,如具有均匀大孔的 MSU 和 MSF。

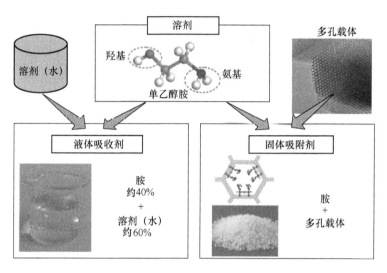

图 4.9 胺溶剂和胺固体吸附剂

然而,这些材料(氨基硅烷试剂和有序介孔二氧化硅)不适合应用于"大规模固定源"。为了将其应用于发电厂等大规模源,必须能够合成大量低成本吸附剂。因此,基于上述对胺改性介孔材料的认识,我们还开发了一种固体吸附剂,其胺通过湿法浸渍到(市售廉价)多孔载体中。

RITE 于 2010—2014 年在 METI 委托的 CO_2 捕集技术推进项目中开发了固体吸附剂。通过模拟研究建立了胺结构与其 CO_2 解吸性能之间的关系,基于此,RITE 利用新合成的胺成功制备了吸附性能优异的新型低温可再生固体吸附剂(图4.10)[12,46]。

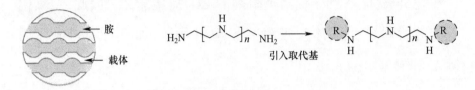

图4.10 在聚胺中引入取代基

我们利用实验室吸附/再生测试装置对RITE固体吸附剂处理工艺进行了评估(图4.11)。发现,真空下的蒸气脱附工艺,即蒸气辅助真空变压吸附(SA-VSA)比普通VSA工艺的CO_2回收率显著提高。

采用三床层固定床系统进行CO_2捕集实验,如图4.11所示,采用真空或低温蒸气(蒸气辅助真空)进行脱附。分离过程包括吸附、冲洗、脱附三步。吸附过程中,烟道模拟气通入其中一个床层,CO_2被捕集。之后,在冲洗过程中,用回收的部分高纯CO_2吹扫吸附剂间隙的氮气等杂质。最后,在VSA脱附过程中,使用真空泵对吸附床层抽真空。如果采用SA-VSA脱附,则使用真空泵对吸附床抽真空,并用蒸发器产生的蒸气吹扫吸附床层。

我们进一步对SA-VSA流程进行了优化。结果表明,RITE固体吸附剂处理烟道模拟气后可以获得较高的CO_2纯度(>99%)和较高的回收率(>90%)。此外,我们通过SA-VSA法回收CO_2的能耗是1.5 GJ/t CO_2(图4.12)。如果使用RITE固体吸附剂替代液胺溶剂(2.5 GJ/t CO_2),燃煤发电厂CO_2捕集系统的能源效率估

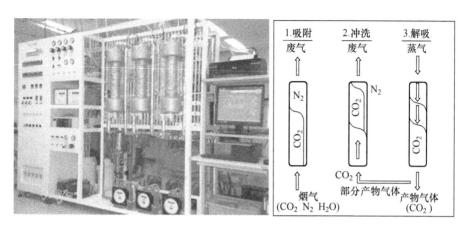

图 4.11　实验室规模的 CO_2 捕集测试设备(左)和 CO_2 回收过程(右)

计将提高 2%。

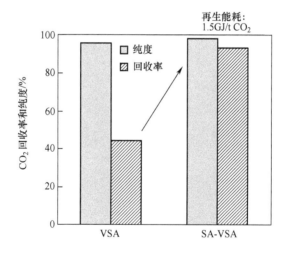

图 4.12　使用 RITE 固体吸附剂捕集 CO_2 的性能

其他国家也在研发固体吸附剂。传统的固体吸附剂一般需要高温工艺,考虑到能耗和降解问题,这都是不利的。RITE 固体吸附剂在低温和低能耗下表现出独特的再生能力。

2015年,我们启动了METI资助的一个新项目,以实现CO_2捕集技术的实际应用(商业化先进固体吸附剂的研发),该项目与川崎重工业株式会社合作,正在进行燃煤烟气流化床系统的实验室规模测试和流化床系统的模拟研究。

同时,面向应用,我们正在优化固体吸附剂。使用新型胺的RITE固体吸附剂比使用商用胺的固体吸附剂性能更高。此外,通过大规模胺合成法得到的改进RITE固体吸附剂,进一步提高了其性能(图4.13)。

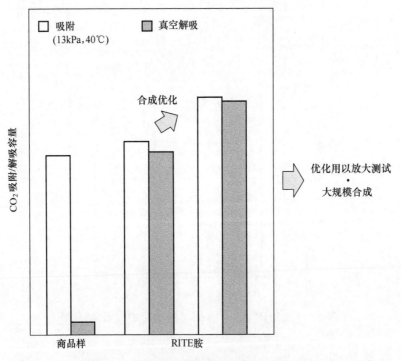

图4.13 用于小型试验的RITE胺合成

我们还使用改进法合成的新型胺大规模制备了RITE固体吸

附剂,并从 2016 年 11 月开始了实验室规模中试。

4.5 小　　结

吸收法已经成为一种商业技术。由于它在一条工艺线上处理完成,便于形成规模效益,因此适用于吸收容量大的情况,但一般需要较高的吸收塔和再生塔,操作费时费力。就小型设备而言,PSA 具有不需要胺捕集器等后处理系统的优点,更紧凑且更易于使用。特别是,如果使用化学性质稳定的材料作为吸附剂,废气中就不存在出现新污染物的风险,也不需要进行废液处理。从保护全球环境的角度来看,与其他分离技术相比有巨大的优势。

我们研制了几种新型 CO_2 吸附剂。对于胺改性介孔二氧化硅材料,除吸附温度外,载体的孔径、孔体积和比表面积、胺载量、胺组成和共混胺的分子结构对 CO_2 吸附性能都有极大影响。此外,通过实验研究探究并揭示了这些材料对 CO_2 的吸附机理。然而,应用中尚须解决一些实际问题,必须加快材料开发,并降低能耗和成本($<1.5GJ/t\ CO_2$),以形成适于大型点排放源的商用 CO_2 吸附分离技术。

除了从固定源中大规模回收 CO_2 外,CO_2 吸附分离技术还可用于密闭空间中去除 CO_2 和从空气中直接捕集 CO_2(称为直接空气捕集,DAC)。目前,我们正在研究这些方法的适用性。

参考文献

[1] Breck DW (1974) Zeolite molecular sieves. Wiley.

[2] Chang ACC, Chuang SSC, Gray M, Soong Y (2003) In-situ infrared study of CO_2 adsorption on SBA-15 grafted with γ-(aminopropyl)triethoxysilane. Energy Fuels 17:468.

[3] Cheng Y, Kondo A, Noguchi H, Kajiro H, Urita K, Ohba T, Kaneko K, Kanoh H (2009) Reversible structural changes of Cu-MOF on exposure to water and its CO_2 adsorptivity. Langmuir 25:4510-4513.

[4] Choi S, Drese JH, Jones CW (2009) Adsorbent materials for carbon dioxide capture from large anthropogenic point source. ChemSusChem 2:796-854.

[5] Corma A (1997) From microporous to mesoporous molecular sieve materials and their use in catalysis. Chem Rev 97:2373.

[6] Dao DS, Yamada H, Yogo K (2013) Large-pore mesostructured silica impregnated with blended amines for CO_2 capture. Ind Eng Chem Res 52:13810-13817.

[7] Dasgupta S, Nanoti A, Gupta P, Jena D, Goswani AN, Garg MO (2009) Carbon dioxide removal with mesoporous adsorbents in a single column pressure swing adsorber. Sep SciTechnol 44:3973.

[8] Drage TC, Snape CE, Stevens LA, Wood J, Wang J, Cooper AI, Dawson R, Guo X, Satterley C, Irons R (2012) Materials challenges for the devel-

opment of solid sorbents for post-combustion carbon capture. J Mater Chem 22:2815.

[9] Feng X, Fryxell GE, Wang L-Q, Kim A Y, Liu J, Kemner KM (1997) Functionalized monolayers on ordered mesoporous supports. Science 276:923.

[10] Feng X, Hu G, Hu X, Xie G, Xie Y, Lu J, Luo M (2013) Tetraethylenepentamine-modified siliceous mesocellular foam (MCF) for CO_2 capture. Ind Eng Chem Res 52:4221.

[11] Fujiki J, Yogo K (2013) Polyethyleneimine-functionalized biomass-derived adsorbent beads for carbon dioxide capture at ambient conditions. Chem Lett 42:1484.

[12] Fujiki J, Chowdhury FA, Yamada H, Yogo K (2017) Highly efficient post-combustion CO_2 capture by low-temperature steam-aided vacuum swing adsorption using a novel polyamine-based solid sorbent. Chem Eng J 307:273-282.

[13] Herm ZR, Swisher JA, Smit B, Krishna BR, Long JR (2011) Metal-organic frameworks as adsorbents for hydrogen purification and precombustion carbon dioxide capture. J Am ChemSoc 133:5664-5667.

[14] Hiyoshi N, Yogo K, Yashima T (2004) Adsorption of carbon dioxide on modified SBA-15 in the presence of water vapor. Chem Lett 33:510.

[15] Hiyoshi N, Yogo K, Yashima T (2005) Adsorption of carbon dioxide on aminosilane-modified mesoporous silica. J Jpn Petrol Inst 48:29.

[16] Hiyoshi N, Yogo K, Y ashima T (2005) Adsorption characteristics of carbon dioxide on organically functionalized SBA-15. Microporous Mesoporous

Mater 84:357.

[17] Hiyoshi N, Yogo K, Yashima T (2008) Adsorption of carbon dioxide on amine-modified MSU-H silica in the presence of water vapor. Chem Lett 37:1266.

[18] Huang HY, Yang RT, Chinn D, Munson CL (2003) Amine-grafted MCM-48 and silica xerogel as superior sorbents for acidic gas removal from natural gas. Ind Eng Chem Res 42:2427.

[19] Inagaki S, Fukushima Y, Kuroda K (1993) Synthesis of highly ordered mesoporous materialsfrom a layered polysilicate. Chem Soc Chem Commun 680-682.

[20] Inagaki S, Guan S, Fukusima Y, Ohsuna T, Terasaki O (1999) Novel mesoporous materialswith a uniform distribution of organic groups and inorganic oxide in their frameworks. J Am Chem Soc 121:9611.

[21] Inui T, Okugawa Y, Yasuda M (1988) Relationship between properties of various zeolites and their carbon dioxide adsorption behaviors in pressure swing adsorption operation. Ind EngChem Res 27:1103.

[22] Kitagawa S, Matsuda R(2007) Chemistry of coordination space of porous coordination polymers. Coord Chem Rev 251:2490-2509.

[23] Kitagawa S, Kitaura R, Noro S (2004) Functional porous coordination polymers. Angew ChemInt Ed 43:2334-2375.

[24] Kizzie AC, Wong-Foy AG, Matzger AJ (2011) Effect of humidity on the performance of microporous coordination polymers as adsorbents for CO_2 capture. Langmuir 27:6368-6373.

[25] Knofel C, Descarpentries J, Benzoauia A, Zenlenal V, Mornet S,

Llewellyn PL, Hornebecq V(2007) Functionalised micromesoporous silica for the adsorption of carbon dioxide. Microporous Mesoporous Mater 99:79.

[26] Kresge CT, Lenowicz ME, Ross WJ, V artulli JC, Beck JS (1992) Ordered mesoporous molecular sieves synthesized by a liquid-crystal template mechanism. Nature 359:710-712.

[27] Kuppler RJ, Timmons DJ, Fang Q-R, Jli J-R, Makal TA, Y oung MD, Y uan D, ZhaoD, ZhuangW, Zhou H-C (2009) Potential applications of metal-organic frameworks. Coord Chem Rev253:3042-3066.

[28] Lee J-S, Kim J-H, Kim J-T, Suh J-K, Lcc J-M, Lee C-H (2002) Adsorption equilibria of CO_2 on zeolite 13X and zeolite X/activated carbon composite. J Chem Eng Data 47:1237-1242.

[29] Liu W, Choi S, Drase JH, Hornbostel M, Krishman G, Eisenberger PM, Jones CW (2010) Steam-stripping for regeneration of supported amine-based CO_2 adsorbents. ChemSusChem3:899-903.

[30] Miyamoto M, Takayama A, Uemiya S, Yogo K (2012) Study of gas adsorption properties of amideamine-loaded mesoporous silica for examing its use in CO_2 separation. J Chem Eng Jpn45:395.

[31] Moellmer J, Moeller A, Driesbach F, Glaeser R, Staudt R (2011) High pressure adsorption of hydrogen, nitrogen, carbon dioxide and methane on the metal-organic framework HKUST-1. Microporous Mesoporous Mater 138:140-148.

[32] Quyen TV, Y amada H, Yogo K (2018) Exploring the role of imidazoles in amine-impregnated mesoporous silica for CO_2 capture. Ind Eng Chem Res 57:2638-2644.

[33] Rowsell JLC, Yaghi OM (2004) Metal-organic frameworks: a new class of porous materials. Microporous Mesoporous Mater 73:3-14.

[34] Saima H, Mogi Y, Haraoka T (2013) Development of PSA technology for the separation of carbon dioxide from blast furnace gas. JFE Tech Rep 32:44.

[35] Samanta A, Zhao A, George K, Shimazu H, Sarkar P, Gupta R (2012) Post-combustion CO_2 capture using solid sorbents: a review. Ind Eng Chem Res 51:1438.

[36] Schoenecker PM, Carson CG, Jasuja H, Flemming CJJ, Walton KS (2012) Effect of water adsorption on retention of structure and surface area of metal-organic frameworks. Ind Eng Chem Res 51:6513-6519.

[37] Sirwardane RV (2005) U.S. patent 6,908,497 B1.

[38] Son WJ, Choi JS, Ahn WS (2008) Adsorptive removal of carbon dioxide using polyethyleneimine-loaded mesoporous silica materials. Microporous Mesoporous Mater113:31.

[39] Wang Q, Luo J, Zhong Z, Borgna A (2011) CO_2 capture by solid sorbents and their applications: current status and new trends. Energy Environ Sci 4:42.

[40] Wang X, Li H, Liu H, Hou X (2011) AS-synthesized mesoporous silica MSU-1 modified with tetraethylenepentamine for CO_2 adsorption. Microporous Mesoporous Mater 142:564.

[41] Wang J, Chen H, Zhou H, Liu X, Qiao W, Long D, Ling L (2013) Carbon dioxide capture using polyethyleneimine-loaded mesoporous carbons. J Environ Sci 25:124.

[42] Watabe T, Yogo K (2013) Isotherms and isosteric heats of adsorption for CO_2 in amine-functionalized mesoporous silicas. Sep Purif Technol 120:20.

[43] Wei J, Liao L, Xiao Y, Zhang P, Shi Y (2010) Capture of carbon dioxide by amine-impregnated as-synthesized MCM-41. J Environ Sci 22:1558.

[44] Xu X, Song C, Andresen JM, Miller BG, Scaroni AW (2002) Novel polyethylenimine-modified mesoporous molecular sieve of MCM-41 type as high-capacity adsorbent for CO_2 capture. Energy Fuels 16:1463.

[45] Xu X, Song C, Andresen JM, Miller BG, Scaroni AW (2003) Preparation and characterization of novel CO_2 "molecular basket" adsorbents based on polymer-modified mesoporous molecular sieve MCM-41. Microporous Mesoporous Mater 62:29.

[46] Yamada H, Fujiki J, Chowdhury FA, Yogo K (2018) Effect of isopropyl-substituent introduction into tetraethylenepentamine based solid sorbents for CO_2 capture. Fuel 214:14-19.

[47] Yan W, Tang J, Bian Z, Hu J, Liu H (2012) Carbon dioxide capture by amine-impregnated mesocellular-foam-containing template. Ind Eng Chem Res 51:3653.

[48] Yue MB, Sun LB, Cao Y, Wang ZJ, Wang Y, Yu Q, Zhu JH (2008) Promoting the CO_2 adsorption in the amine-containing SBA-15 by hydroxyl group. Microporous Mesoporous Mater 114:74.

[49] Zelenak V, Badanikova M, Halamova D, Cejka J, Zukal A, Murafa N, Goerigk G (2008) Amine-modified ordered mesoporous silica: effect of

pore size on carbon dioxide capture. Chem Eng J 144:336.

[50] Zhang X, Zheng X, Zhang S, Zhao B, Wu W (2012) AM-TEPA impregnated disordered mesoporous silica as CO_2 capture adsorbent for balanced adsorption-desorption properties. Ind Eng Chem Res 51:15163.

第 5 章
CO_2 膜分离技术

5.1　CO_2 分离膜

由于膜分离法可以节省 CO_2 捕集的能耗和空间,因此,就运行和成本而言,膜分离法是最有前途的。不同类型的膜用于不同应用场景的 CO_2 分离。

膜分离捕集 CO_2 有三个主要场景:①CO_2/N_2(燃烧后:从烟道气体中分离 CO_2);②CO_2/CH_4(从天然气中分离 CO_2);③CO_2/H_2(燃烧前:从整体煤气化联合循环(IGCC)过程中分离 CO_2)。

燃烧后从烟气中分离 CO_2 时,膜分离一半以上的成本用于为真空泵提供动力,将膜的渗透侧排空,而进料侧和渗透侧的压差较低,且所需膜面积较大,使得膜组件和管道的费用较高。这种情况下,为了降低膜组件成本,高 CO_2 渗透性比高选择性更加重要。

IGCC 燃烧前 CO_2 分离过程中,不需要使用真空泵或压缩机对高压气体进行分离,使用膜技术有望显著降低 CO_2 捕集成本。这种情况下,CO_2 渗透性和 CO_2/H_2 选择性对于有效分离 CO_2 非常重要。

5.1.1 高分子膜

从 CO_2/CH_4 和 CO_2/N_2 气体混合物中选择性分离 CO_2 的聚合物膜研究很多,而从 H_2 中选择分离 CO_2 的聚合物膜研究相对较少。

由玻璃态聚合物(如醋酸纤维素和聚酰亚胺)制成的聚合物膜已用于从 CO_2/CH_4 气体混合物中选择分离 CO_2。然而,由于 CO_2 诱导的塑化作用,CO_2/CH_4 的分离效果在较高 CO_2 分压下大大降低。Koros 等报道,交联聚酰亚胺膜显示出强抗 CO_2 塑化性[23]。

聚乙二醇(PEG)对 CO_2 具有较高的物理亲和性,有望成为一种可用的 CO_2 分离膜材料。然而,由于纯 PEG 结晶,其 CO_2 渗透性非常低。弗里曼等开发了交联 PEG 膜以防止结晶。交联 PEG 膜与 CO_2 表现出良好的相互作用,从而提高了 CO_2 的溶解性,超过了 H_2 的溶解性,CO_2/H_2 的选择性在 35℃ 时约为 10,-20℃ 时约为 25[18]。Wessling 等研制了一种 PEG 嵌段共聚物膜,并测定了膜的分离性能,35℃ 时对 CO_2/H_2 选择性为 10[11]。Peinemann 等制备了一种亲 CO_2 的 PEG 嵌段共聚物,在 30℃ 时,CO_2/H_2 选择性为 10.8[3]。

热重排聚合物(TR 聚合物)是一种通过热处理控制链间分子大小的新型聚合物膜。由于 TR 聚合物膜增强了耐塑化性,因此,在高压下仍能保持较高的 CO_2/CH_4 分离性能[24]。有报道称,对 CO_2 具有高亲和力的微孔有机聚合物(MOP)膜显示出良好的 CO_2 分离性能[5]。

混合基质膜(MMM)通过将填料(无机纳米颗粒等)加入聚合物基体中以提高分离性能。Shin 等在聚醚共聚酰胺 Pebax 1657 中共混了 PEG-MEA 和氧化石墨烯添加剂[27]。Zhu 等制备了含有聚多巴胺/PEG 复合微胶囊的中空纤维膜[35]。Zhang 等用氨基硅烷化氧化石墨烯纳米片作为添加剂制备了混合基质膜(MMM)[33]。Huang 等制备 Pebax/离子液体改性氧化石墨烯 MMM[10]。Sabet-ghadam 等采用金属-有机骨架纳米片制备了薄 MMM[25]。Liu 等用类沸石 MOF 纳米晶体制备 MMM[19]。

利用膜从烟道气中分离 CO_2 是在膜进料侧和渗透侧低压比条件下进行的。提高 CO_2 渗透性对于降低系统成本和减小膜面积具有重要意义。Merkel 等(MTR 公司)提出了一种使用空气作为吹扫气的新系统,可以以低能源成本获得 CO_2 分压差。此外,还开发了具有高 CO_2 渗透性的膜组件(Polaris™膜)[20]。

5.1.2 无机膜

沸石膜和碳膜等无机膜被报道用于 CO_2 分离。无机膜具有适当的孔径,可以作为分子筛分离气体分子。另外,无机膜与 CO_2 具有较强亲和力,其对 CO_2 的选择性比 N_2 和 CH_4 更高。

Noble 等报道,SAPO-34 具有较高的 CO_2/CH_4 分离性能[34]。

Bae 等报道,将 MOF(ZIF-90)掺入聚合物基体制备的无机/有机复合膜也表现出高 CO_2/CH_4 分离性能[1]。Wang 等通过微波辅助水热合成法制备了全二氧化硅 DDR 沸石膜[31],用于 CO_2/CH_4 分离。Dong 等报道了薄陶瓷-碳酸盐双相膜,从合成气中分离 CO_2[4]。Shin 等以聚合物/聚硅氧烷共混物为前驱体制备了碳分子筛中空纤维膜[28]。

5.1.3 离子液体膜

离子液体膜由于其蒸气压低和高温稳定性好,近年来得到越来越多的关注和研究。Noble 等制备了用于 CO_2/N_2、CO_2/CH_4 等分离的聚合离子液体膜[2]。Myers 等进行了含氨基离子液体在 CO_2/H_2 分离中的应用研究[21],即温度为 85℃ 时 CO_2/H_2 的选择性为 15。Matsuyama 等将含氨基离子液体膜用于 CO_2/CH_4 分离,该膜在 260 天内表现出稳定的分离能力($\alpha_{CO_2/CH_4} \approx 60$)[9]。Kasahara 等制备了含有胺基功能化离子液体的促进传递膜[15]。Nikolaeva 等报道了纤维基聚离子液体膜,用于 CO_2/N_2 和 CO_2/CH_4 分离[22]。

5.1.4 促进传递膜

将具有 CO_2 化学亲和力的载体溶液(如胺和碱金属碳酸盐)浸渍在微孔支撑膜或聚合物基质的孔中,可以制备促进传递膜,用于 CO_2 分离。加入 CO_2 载体的膜可以选择性地与 CO_2 发生可逆反应。除了物理溶解-扩散机制作用外,反应产物中的 CO_2 载体还可以通过膜传输,提高传递速率,而其他气体(如 N_2、H_2、CO)传递膜仅有溶解-扩散传输机制,因此,促进传递膜的 CO_2 选择性在低 CO_2 分压下可以非常高。

Ho 等将胺与聚乙烯醇(PVA)共混开发了促进传递膜[36]。这些膜对 CO_2/H_2 的选择性在温度为 110℃ 时为 300,在温度为 150℃ 时为 100。Matsuyama 等将 2,3-二氨基丙酸和碳酸铯固定在 PVA/聚丙烯酸共聚物基质中制备了促进传递膜,其 CO_2/H_2 选择性在 160℃ 时为 432[32]。Hägg 等通过共混 PVA 和聚乙烯胺(PVAm)研制了 CO_2/N_2 分离膜,将 PVA/PVAm 溶液浇铸在聚砜(PSf)基底膜上[26],制备了选择性层厚为 0.3μm 的选择性复合膜。Vakharia 等通过辊对辊涂覆法[30]进行了促进传递薄膜的放大制备。Han 等制备了碳纳米管促进传递膜[8]。

5.2 分子门膜的研发

日本政府公布了温室气体排放量比 2005 年削减了一半的目标,这也是"美丽地球 50"项目的目标之一。一种具有前景的 CO_2 减排方法是发展整体煤气化联合循环技术与 CO_2 捕集和封存技术结合的联产技术(IGCC-CCS),如图 5.1 所示。

在 IGCC-CCS 技术中,CO_2 分离膜对于降低 CO_2 捕集成本具有重要作用。如果开发出性能优异的 CO_2/H_2 分离膜,则使用膜技术从加压气流中捕集 CO_2 的成本估计能降低到 1500 日元/t CO_2 或

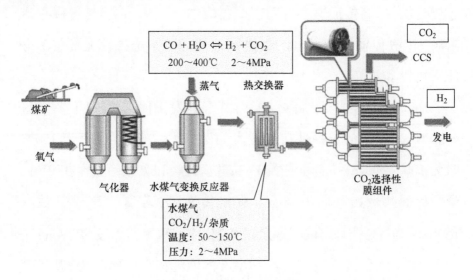

图 5.1 采用 CO_2 选择性膜组件捕集 CO_2 的 IGCC 过程示意图

更低。

Sirkar 等报道,在等压饱和水蒸气条件下,以黏性和非挥发性聚酰胺(PAMAM)树枝状聚合物作为固定化液膜时,表现出优异的 CO_2/N_2 选择性[17]。根据这篇报道,我们开发了一种 CO_2 分子门膜,以生产新型高性能分离膜。图 5.2 为分子门膜的工作原理示意图。

在加湿条件下,CO_2 与膜中的氨基反应形成氨基甲酸酯或碳酸氢盐,阻止了 H_2 的通过,使得扩散到膜另一侧的 H_2 量大幅减少,从而获得高浓度 CO_2。因此,CO_2/H_2 选择性很高。

本节介绍了燃烧后和燃烧前用分子门膜的研究情况。5.2.1 节介绍采用原位涂覆法研制的膜,用以去除烟气中的 CO_2(即燃烧后捕集和 CO_2/N_2 分离)。5.2.2 节介绍了 IGCC 过程中去除 CO_2

第 5 章 CO_2 膜分离技术

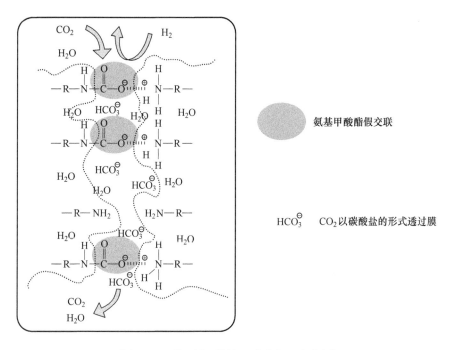

图 5.2 分子门膜的工作原理示意图

所用膜的发展(即燃烧前捕集和 CO_2/H_2 分离)。

5.2.1 用于去除烟气中 CO_2 的基于原位涂覆法的商用树枝状复合膜组件

由于 PAMAM 树枝状大分子呈液态,所以必须将其固定在适当的支撑材料上使用。这种树枝状大分子具有优异的 CO_2 选择性,假如它能够制备成稳定的膜结构,并具有足够耐受性(如压力差),就可用于从化石燃料废气中分离 CO_2。复合膜将是制备稳定、选择性树枝状聚合物层的合适结构。

复合膜通常有固定在介孔载体顶部的选择性层。选择性层和载体由不同材料制成,其中选择性层必须尽可能薄,以保持有效通量。复合膜技术具有成本低,易于制备,且可以进行载体与选择性层的多种组合,是一种灵活的膜制备方法。

在 RITE,我们以壳聚糖为高渗透性中间层成功制备了 PAMAM 树枝状聚合物复合膜[6,13,16],证明了用液态黏性 PAMAM 树枝状聚合物制备固体稳定膜的可行性。可使用乙二醇二甘油酯醚(EGDGE)或戊二醛(GA)作为交联剂,聚砜(PSF)超滤中空纤维膜(UF)作为复合膜的支撑载体。中空纤维膜的外径和内径分别为 19000μm、1100μm,截留分子量为 6000。

· 原位改性法制备复合膜

我们研发了一种将 PAMAM 树枝状聚合物涂覆在支撑衬底(整个模块)上的新方法,称为原位改性(IM)法。图 5.3 是 IM 原理示意图。IM 法用于制备薄膜材料的超薄功能层,可用于任何尺寸大小的组件。

含有成膜材料的溶液在膜组件的中空纤维膜内腔中循环流动,同时中空纤维膜的外壳被抽真空。如图 5.3(c)所示,如果采用疏水多孔基体和亲水溶液,亲水溶液无法渗透疏水多孔基体,而是在基体表面产生气-液界面。由于膜外侧的压力降低,溶剂从界面蒸发,引起界面附近溶质浓度升高,最后,成膜材料沉淀在表面上或表面下形成超薄层。IM 的主要优点之一是表面的膜孔会被小于孔径的分子覆盖。项目研究选择 PSF-UF 超滤膜和壳聚糖水溶液分别为疏水基体和亲水介质。尽管 PSF 的平均孔径远大于壳聚糖,但仍可能会在界面形成有效的均匀壳聚糖层。

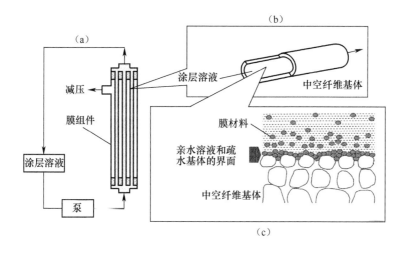

图 5.3 IM 法原理图

我们从相对较小的膜组件开始研究,组件(长度为 20cm,直径为 3/8 英寸①)内有三个中空纤维膜,组件的有效膜面积约为 18cm²。

在开发了小型组件(铅笔组件,长度为 200mm)之后,利用 IM 法开发了分离烟道气中 CO_2 的商业尺寸膜组件。

图 5.4 是膜组件照片:(a)长度为 200mm(一个组件中有 3m 中空纤维)和 800mm(一个组件中有 7m 中空纤维)的膜组件;(b)商用尺寸组件。

在气体渗透实验中,装置放置在矩形开放金属框架内。由于组件太大,无法放入空气烘箱中,而组件没有伴热,因此,实验在环

---

① 1 英寸 = 0.0254m。——译者注

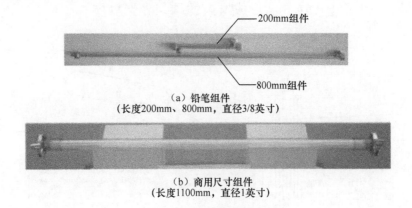

(a) 铅笔组件
(长度200mm、800mm,直径3/8英寸)

(b) 商用尺寸组件
(长度1100mm,直径1英寸)

图 5.4　膜组件照片

境温度(约 25℃)下进行。

五种商用膜组件的 CO_2/N_2 分离性能如图 5.6~图 5.10 所示。CO_2 渗透率为 $(1.5~2.2)\times10^{-7}m^3(STP)/(m^2 \cdot s \cdot kPa)$(平均值为 $1.7\times10^{-7}m^3(STP)/(m^2 \cdot s \cdot kPa)$,标准差为 $\pm0.3\times10^{-7}m^3(STP)/(m^2 \cdot s \cdot kPa)$),$CO_2/N_2$ 选择性为 110~170(平均值 150,标准差±20)。所有膜组件的分离系数均超过 100,说明其性能优于许多已报道的聚合物膜。

铅笔组件(长度为 200mm,膜面积为 $17cm^2$)在 40℃ 时 CO_2/N_2 选择性为 400,Q_{CO_2} 值为 $1.6\times10^{-7}m^3(STP)/(m^2 \cdot s \cdot kPa)$[16]。因此,商用薄膜组件的 CO_2 分离系数不如铅笔组件。这可能是由于:①操作温度较低(本工作中为 25℃,而之前的工作为 40℃[18]);②渗透侧水蒸气压力的差异;③交联剂的差异(GA 与 EGDGE)。

综上所述,IM 法成功地应用在铅笔组件和大型商用膜组件中,实际工况下的分离系数超过 100。

5.2.2 用于 IGCC 脱 CO_2 的聚酰胺胺型树枝状分子/聚合物杂化膜组件

本节介绍以聚乙二醇(PEG)或聚乙烯醇为聚合物基体的 PAMAM 树枝状分子/聚合物杂化膜。PAMAM 树枝状分子/交联聚合物杂化膜在 IGCC 等高压应用中显示出从 H_2 中分离 CO_2 的巨大潜力。

1. 聚酰胺胺型树枝状分子/聚乙二醇杂化膜

为了改善压差条件下的 CO_2 分离,将 PAMAM 树枝状聚合物引入或固定到聚合物基体中制备杂化膜。我们已经成功地将树枝状聚合物固定在交联 PEG 中[29],其中 PEG 通过聚乙二醇二甲基丙烯酸酯(PEGDMA)光聚合形成。含有 PAMAM 树枝状大分子(质量分数为 50%)的 PAMAM/PEGDMA 杂化膜表现出较高的 CO_2 与 H_2 分离性能,例如,在 5kPa CO_2 分压和 80%相对湿度下,$\alpha_{CO_2/H_4} > 500$。

我们还开发了由 PAMAM 树枝状聚合物和 PEGDMA 以及交联剂(如三羟甲基丙烷三甲基丙烯酸酯(TMPTMA))组成的杂化膜,用于高压分离(图 5.5)。

成功制备了由 PAMA 树枝状聚合物/PEG 杂化薄层组成的复合膜。所得 PAMAM 树枝状聚合物/PEG 杂化膜在 CO_2 分压为 560kPa、进料压力为 700kPa、温度为 40℃、相对湿度为 80%时性能优异,CO_2/H_2 选择性为 39,CO_2 渗透率为 $1.1 \times 10^{-10} m^3(STP)/$

($m^2 \cdot s \cdot Pa$)。

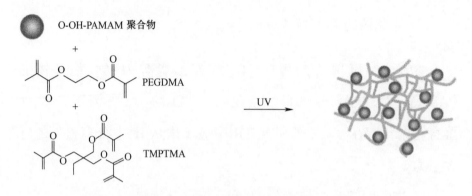

图 5.5　PEGDMA 和 TMPTMA 通过光聚合在 PEG 中交联
固化形成树枝状聚合物示意图

2. 聚酰胺胺型树枝状聚合物/聚乙烯醇杂化膜

上一节介绍了 PAMAM 树枝状聚合物固化于(PEGDMA 光聚合得到)PEG 中的过程。本节将以 PVA 作为另一种聚合物基体,其中 PVA 引入了 CO_2 载体。由于 PVA 的羟基对树枝状大分子的伯胺具有亲和力,可形成氢键,因此,PVA 基体与树枝状大分子具有相容性。PVA 与二异丙醇双(三乙醇胺)钛(Ti 交联剂)交联,用以提高高压下的力学性能。

图 5.6 是 PAMAM 树枝状聚合物与 PVA 交联固化示意图[7]。

在水溶液中用 Ti 交联剂进行 PVA 交联,将树枝状聚合物掺入交联的 PVA 基体中形成自支撑膜。选择 Ti 交联剂的原因如下:

(1) Ti 交联剂具有高选择性,仅在水性介质中与 PVA 的羟基

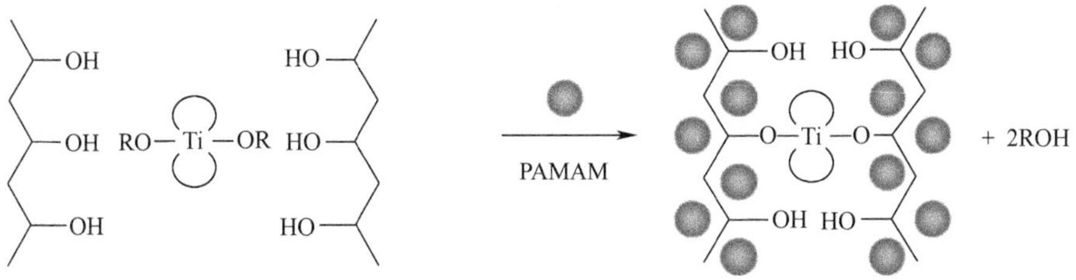

图 5.6　PAMAM 树枝状聚合物固化于交联 PVA 的示意图

反应。

（2）交联反应在温和条件下快速有效地进行，最大限度抑制不利副反应。

（3）副产物（异丙醇）很容易通过抽真空从聚合物膜中排出。

通过这种制备方法，很容易控制树枝状聚合物的含量和膜厚度，液体树枝状聚合物泄漏可忽略不计。由于交联剂对 PVA 羟基具有高选择性，PAMAM 树枝状大分子的伯胺不参与交联反应，因此，膜制备过程中树枝状聚合物保持完整。

用质量分数为 41.6% 的 PAMAM 树枝状聚合物膜研究了 CO_2 分离性能与 CO_2 分压的关系。膜厚度为 400μm，试验温度为 40℃。随着 CO_2 分压从 5kPa 升高至 80kPa，Q_{CO_2} 急剧下降，超过 80kPa 时，Q_{CO_2} 保持恒定值 $2\times10^{-12}\,m^3(STP)/(m^2 \cdot s \cdot Pa)$，而 Q_{H_2} 没有明显变化，为 $5\times10^{-14}\,m^3(STP)/(m^2 \cdot s \cdot Pa)$。PAMAM/PVA 杂化膜在此 CO_2 分压下保持较高的选择性，CO_2/H_2 选择性为 32，比

常规聚合物膜高得多。

5.3　从 IGCC 工厂中脱除 CO_2 的研发项目

基于 RITE 在分子门膜研究方面取得的进展,分子门膜组件技术研究协会(MGMTRA,由地球环境产业技术机构(RITE)和私营公司组成)正在开发用于 IGCC 过程中低能耗和低成本 CO_2 分离的分子门膜和膜元件[7,12,14]。

在日本经济产业省(METI)上一个项目"CO_2 分离膜组件研发项目"(2011—2014 财政年度)中,我们使用实验室制备的膜,开发了压力 2.4MPa(IGCC 工艺中的假定压力)时具有较高 CO_2 分离性能的分子门膜。

在 METI 和日本新能源产业技术综合开发机构(NEDO)目前的"CO_2 分离膜组件应用研发项目"(2015 财政年度)中,我们正在通过连续成膜方法开发大面积膜和膜元件。

5.3.1　膜的制备

选择聚乙烯醇(PVA)作为耐压聚合物基体的主要成分。树枝状聚合物和 PVA 基体反应如图 5.7 所示。

如图 5.7 所示,树枝状聚合物被固定在交联的 PVA 基体中,在多孔载体上形成树枝状聚合物/PVA 杂化薄膜,以实现高 CO_2 渗透性。

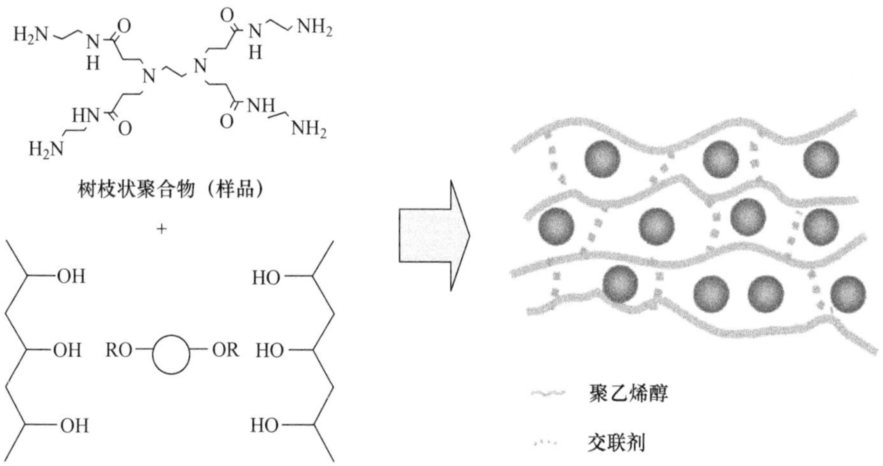

图 5.7 树枝状聚合物/PVA 反应形成杂化薄膜示意图

5.3.2 膜的气体渗透性

在气体渗透实验中,出于安全考虑,使用氦气(He)作为 H_2 的替代气体(He 与 H_2 的分子大小相似)。使用模拟气体的气体渗透实验的典型操作条件如下:将 CO_2/He 气体混合物(CO_2/He=40/60(体积比))在相对湿度 50%~80%下加湿,然后送入平板膜单元或膜组件。进料侧总压力为 2.4MPa,渗透侧总压力为大气压,工作温度 85℃。通过气相色谱法测量进料(截留物)和渗透气体中的 CO_2 和 He 浓度。

CO_2 分压对膜 1(1.2cm^2)的渗透率 Q 的影响如图 5.8 所示。

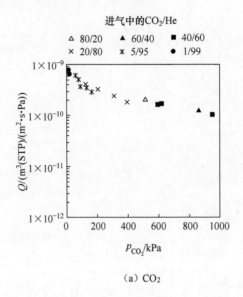

(a) CO_2

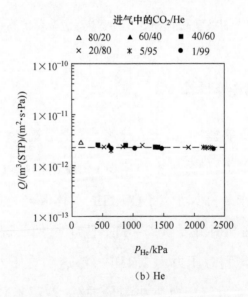

(b) He

图 5.8　CO_2 分压对渗透率（Q）的影响

（操作条件：温度为 85℃；原料气体压力为 0.7~2.4MPa；

渗透气体压力为大气压（Ar 为吹扫气）。）

第 5 章 CO_2 膜分离技术

如图 5.8 所示,CO_2 的渗透率随 CO_2 分压增加而降低,而 He 的渗透率恒定,与 CO_2 分压无关。有趣的是,CO_2 渗透行为由原料气中的 CO_2 分压来决定,而不是总压。

CO_2 分压对膜 1($1.2cm^2$) CO_2/He 选择性(α)的影响如图 5.9 所示。

如图 5.9 所示,由于 CO_2 渗透率取决于 CO_2 分压,因此,CO_2/He 选择性也是 CO_2 分压的函数。

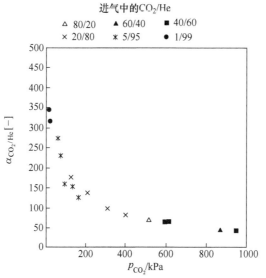

图 5.9　CO_2 分压对 CO_2/He 选择性的影响($\alpha_{CO_2/He}$)。

(操作条件:温度为 85℃,原料气体压力为 0.7~2.4MPa,

渗透气体压力为大气压(吹扫气为 Ar)。)

通常,渗透性和选择性都是常数,不受分压的影响,这种膜的渗透性与 CO_2 分压的关系比较特殊。人们认为 CO_2 渗透不是溶液扩散机制,而应考虑进料侧 CO_2 与氨基甲酸酯或碳酸氢根离子的反应以及渗透侧的逆反应。而 He 的渗透行为可以用溶液扩散机制来解释。

如图 5.10 所示,面积为 $1.2cm^2$、$58cm^2$ 的膜和 2 英寸膜组件也有相似现象,其 CO_2 分离性能决定于 CO_2 分压。根据成本模拟,膜 2 的分离性能可以实现项目成本目标(1500 日元/t CO_2)。

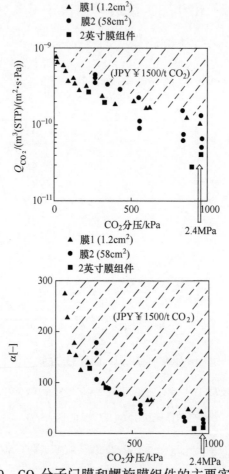

图 5.10 CO_2 分子门膜和螺旋膜组件的主要实验结果

(操作条件:温度为 85℃,原料气体压力为 0.7~2.4MPa,渗透气体压力为大气压(吹扫气为 Ar)。)

第 5 章 CO_2膜分离技术

CO_2/He 和 CO_2/N_2 分离性能对比如图 5.11 所示，无论是 CO_2/He 还是 CO_2/N_2，CO_2 渗透率几乎相同。N_2 分子量比 He 大，显示出更低的渗透率。结果，CO_2/N_2 比 CO_2/He 的选择性高一个数量级。可见，N_2 不影响 CO_2 分离性能。

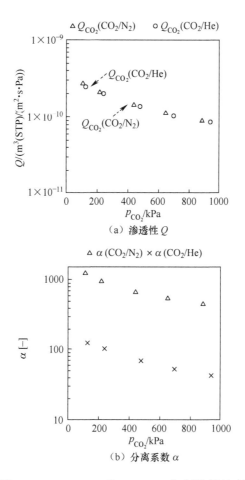

图 5.11 CO_2/He 和 CO_2/N_2 分离性能比较

(操作条件：温度为 85℃，原料气成分为 CO_2/He 或 CO_2/N_2 = 40/60% ~ 5/95%，原料气体压力为 2.4 MPa，原料气湿度为 60%RH，渗透气体压力为大气压(吹扫气为 Ar)。)

实际的煤气化炉气体中含有微量杂质,如 CO、CH_4、H_2S 和 COS。其中,H_2S 对膜分离性能的负面影响备受关注。因此,我们评估了 H_2S 存在对 CO_2 分离性能的影响,如图 5.12 所示。

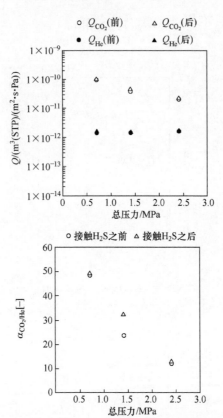

图 5.12　接触 H_2S 前后膜的分离性能

(前:接触 H_2S 之前,后:接触 H_2S 之后。

接触 H_2S 实验条件:压力为 2.4MPa;温度为 85℃;气体成分为 CO_2(33%) + H_2S(500 ppm+N_2 平衡(相对湿度约为 80%RH);处理时间为 7 天。

操作条件:温度为 85℃,原料气成分为 CO_2/He = 40/60,原料气体压力为 2.4MPa,原料气相对湿度为 60%RH,渗透压为大气压。)

---

① 1ppm = 1mg/L,1ppm = cm^3/m^3 = $10^{-6} m^3/m^3$。——译者注

如图 5.12 所示,H_2S 对 CO_2 分离性能没有显著影响。这表明制备的膜是抗 H_2S 的。

在原料不含 H_2S,压力 2.4MPa 条件下进行超过 600h 的长期稳定性实验,结果如图 5.13 所示。

图 5.13 所示结果可见,该膜在 2.4 MPa 压力下至少 600h 能够保持稳定的分离性能。

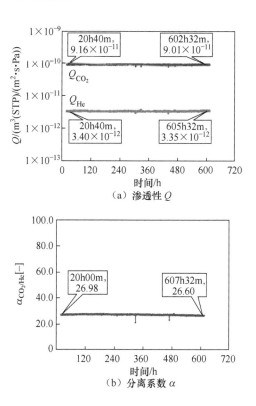

图 5.13 膜分离性能的长期稳定性

(操作条件:温度为 85℃,原料气成分为 $CO_2/He=40/60$,原料气体压力为 2.4MPa,原料气相对湿度为 60%RH,渗透压为大气压。)

5.3.3 膜元件的制备

目前,膜通过单板涂覆法制备(图5.14(a))。该方法便于小规模筛选膜材料。在当前项目中,采用连续成膜法连续生产膜,用于批量生产平板膜,以制造膜元件(图5.14(b))。

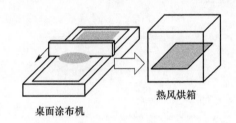

(a) 单板涂覆法

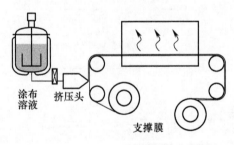

(b) 连续成膜法

图5.14 单板涂覆法和连续成膜法示意图

MGMTRA开发的CO_2选择性膜、膜元件和膜组件的照片如图5.15所示。膜单元是由膜、支撑膜、间隔物等组成的具有大表面积的结构件。膜组件是放置膜单元的构件。

第 5 章 CO_2 膜分离技术

CO_2选择性膜

膜单元
(4英寸；长度200mm)

膜组件

置于膜组件中的膜单元照片

图 5.15　CO_2选择性膜、膜元件和膜组件的照片

5.4　小　　结

如本章所述，针对 CO_2/N_2、CO_2/CH_4 和 CO_2/H_2 分离进行了许多新型 CO_2 选择性膜的研发。预计膜分离法将在不久的将来实现商业化。

关于分子门膜组件，我们已经开发出了优异的膜材料，其在 IGCC 工艺高压条件下显示出高 CO_2/H_2 分离性能，也确证了膜的抗 H_2S 和长期稳定性。我们正在通过连续成膜法研制大面积膜，并开发用于大规模生产的膜单元。

致谢　日本经济产业省(METI)和日本新能源和工业技术开发组织(NEDO)分别自 2003 年和 2018 以来一直支持 CO_2 分子门膜

开发。

参考文献

[1] Bae T-H, Lee JS, Qiu W, Koros WJ, Jones CW, Nair S (2010) A High-performancegas-separation membrane containing submicrometer-sized metal-organic framework crystal. Angew Chem Int Ed 49:9863-9866.

[2] Bara JE, Lessmann S, Gabriel CJ, Hatakeyama ES, Noble RD, Gin DL (2007) Synthesis and performance of polymerizable room-temperature ionic liquids as gas separation membranes. Ind Eng Chem Res 46:5397-5404.

[3] Car A, Stropnik C, Yave W, Peinemann K-V (2008) PEG modified poly (amide-b-ethylene oxide) membranes for CO_2 separation. J Membr Sci 307:88-95.

[4] Dong X, Wu HC, Lin YS (2018) CO_2 permeation through asymmetric thin tubular ceramic-carbonate dual-phase membranes. J Membr Sci 564:73-81.

[5] Du N, Park HB, Robertson GP, Dal-Cin MM, Visser T, Scoles L, Guiver MD (2011) Polymernano sieve membranes for CO_2-capture applications. Nat Mater 10:372-375.

[6] Duan S, Kouketsu T, Kazama S, Yamada K (2006) Development of PAMAM dendrimer composite membranes for CO_2 separation. J Membr Sci 283:2-6.

[7] Duan S, Taniguchi I, Kai T, Kazama S (2012) Poly(amidoamine) dendrimer/poly(vinyl alcohol) hybrid membranes for CO_2 capture. J Membr Sci

423-424:107-112.

[8] Han Y, Wu D, Ho WSW (2018) Nanotube-reinforced facilitated transport membrane for CO_2/N_2 separation with vacuum operation. J Membr Sci 567: 261-271.

[9] Hanioka S, Maruyama T, Sotani T, Teramoto M, Matsuyama H, Nakashima K, Hanaki M, Kubota F, Goto M (2008) CO_2 separation facilitated by task-specific ionic liquids using asupported liquid membrane. J Membr Sci 314:1-4.

[10] Huang G, Isfahani AP, Muchtar A, Sakurai K, Shrestha BB, Qin D, Yamaguchi D, SivaniahE, Ghalei B (2018) Pebax/ionic liquid modified graphene oxide mixed matrix membranes for enhanced CO_2 capture. J Membr Sci 565:370-379.

[11] Husken D, Visser T, Wessling M, Gaymans RJ (2010) CO_2 permeation properties of poly(ethylene oxide)-based segmented block copolymers. J Membr Sci 346:194-201.

[12] Kai T, Duan S, Ito F, Mikami S, Sato Y, Nakao S (2017) Development of CO_2 Molecular GateMembranes for IGCC Process with CO_2 Capture. Energy Procedia 114:613-620.

[13] Kai T, Kouketsu T, Duan S, Kazama S, Yamada K (2008) Development of commercial-sized dendrimer composite membrane modules for CO_2 removal from flue gas. Sep Purif Tech 63:524-530.

[14] Kai T, Taniguchi I, Duan S, Chowdhury FA, Saito T, Yamazaki K, Ikeda K, Ohara T, Asano S, Kazama S (2013) Molecular gate membrane: Poly (amidoamine) dendrimer/polymer hybrid membrane modules for CO_2 cap-

ture. Energy Procedia 37:961-968.

[15] Kasahara S, Kamio E, Otani A, Matsuyama H (2014) Fundamental investigation of the factors controlling the CO_2 permeability of facilitated transport membranes containing Amine functionalized task-specific ionic liquids. Ind Eng Chem Res 53:2422-2431.

[16] Kouketsu T, Duan S, Kai T, Kazama S, Yamada K (2007) PAMAM dendrimer composite membrane for CO_2 separation: Formation of a chitosan gutter layer. J Membr Sci 287:51-59.

[17] Kovvali AS, Chen H, Sirkar KK (2000) Dendrimer membranes: A CO_2-selective molecular gate. J Am Chem Soc 122(31):7594-7595.

[18] Lin H, Wagner EV, Freeman BD, Toy LG, Gupta RP (2006) Plasticization-enhanced hydrogen purification using polymeric membranes. Sci 311:639-642.

[19] Liu G, Labreche Y, Chernikova V, Shekhah O, Zhang C, Belmabkhout Y, Eddaoudi M, KorosWJ (2018) Zeolite-like MOF nanocrystals incorporated 6FDA-polyimide mixed-matrix membranes for CO_2/CH_4 separation. J Membr Sci 565:186-193.

[20] Merkel TC, Lin H, Wei X, Baker R (2010) Power plant post-combustion carbon dioxide capture:An opportunity for membranes. J Membr Sci 359:126-139.

[21] Myers C, Pennline H, Luebke D, Ilconich J, Dixon JK, Maginn EJ, Brennecke JF (2008) High temperature separation of carbon dioxide/hydrogen mixtures using facilitated supported ionic liquid membranes. J Membr Sci 322:28-31.

[22] Nikolaeva D, Azcune I, Tanczyk M, Warmuzinski K, Jaschik M, Sandru M, Dahl PI, Genua A, Lois S, Sheridan E, Fuoco A, Vankelecom IFJ (2018) The performance of affordable and stable cellulose-based polyionic membranes in CO_2/N_2 and CO_2/CH_4 gas separation. J Membr Sci 564:552-561.

[23] Omole IC, Adams RT, Miller SJ, Koros WJ (2010) Effects of CO_2 on a high performance hollow-fiber membrane for natural gas purification. Ind Eng Chem Res 49:4887-4896.

[24] Park HB, Jung CH, Lee YM, Hill AJ, Pas SJ, Mudie ST, Van Wagner E, Freeman BD, Cookson DJ (2007) Polymers with cavities tuned for fast selective transport of small molecules and ions. Sci 318:254-258.

[25] Sabetghadam A, Liu X, Gottmer S, Chu L, Gascon J, Kapteijn F (2019) Thin mixed matrix and dual layer membranes containing metal-organic framework nanosheets and Polyactive™ for CO_2 capture. J Membr Sci 570-571:226-235.

[26] Sandru M, Haukebo SH, Hagg M-B (2010) Composite hollow fiber membranes for CO_2 capture. J Membr Sci 346:172-186.

[27] Shin JH, Lee SK, Cho YH, Park HB (2019) Effect of PEG-MEA and graphene oxide additives on the performance of Pebax® 1657 mixed matrix membranes for CO_2 separation. J Membr Sci 572:300-308.

[28] Shin JH, Yu HJ, An H, Lee AS, Hwang SS, Lee SY, Lee JS (2019) Rigid double-stranded siloxane-induced high-flux carbon molecular sieve hollow fiber membranes for CO_2/CH_4 separation. J Membr Sci 570-571:504-512.

[29] Taniguchi I, Duan S, Kazama S, Fujioka Y (2008) Facile fabrication of a novel high performance CO_2 separation membrane: Immobilization of poly(amidoamine) dendrimers in poly(ethylene glycol) networks. J Membr Sci 322:277-280.

[30] Vakharia V, Salim W, Wu D, Han Y, Chen Y, Lin Z, Ho WSW (2018) Scale-up of amine-containing thin-film composite membranes for CO_2 capture from flue gas. J Membr Sci 555:379-387.

[31] Wang M, Bai L, Li M, Gao L, Wang M, Rao P, Zhang Y (2019) Ultrafast synthesis of thin all-silica DDR zeolite membranes by microwave heating. J Membr Sci 572:567-579.

[32] Yegani R, Hirozawa H, Teramoto M, Himei H, Okada O, Takigawa T, Ohmura N, Matsumiya N, Matsuyama H (2007) Selective separation of CO_2 by using novel facilitated transport membrane at elevated temperatures and pressures. J Membr Sci 291:157-164.

[33] Zhang J, Xin Q, Li X, Yun M, Xu R, Wang S, Li Y, Lin L, Ding X, Ye H, Zhang Y (2019) Mixed matrix membranes comprising aminosilane-functionalized graphene oxide for enhanced CO_2 separation. J Membr Sci 570-571:343-354.

[34] Zhang Y, Tokay B, Funke HH, Falconer JL, Noble RD (2010) Template removal from SAPO-34 crystals and membranes. J Membr Sci 363:29-35.

[35] Zhu B, Liu J, Wang S, Wang J, Liu M, Yan Z, Shi F, Li J, Li Y (2019) Mixed matrix membranes containing well-designed composite microcapsules for CO_2 separation. J Membr Sci 572:650-657.

[36] Zou J, Ho WSW (2006) CO_2-selective polymeric membranes containing amines in crosslinked poly(vinyl alcohol). J Membr Sci 286:310-321.

内 容 简 介

本书系统介绍了 CO_2 捕集技术的重要性、胺法捕集 CO_2 的化学原理、CO_2 吸收捕集技术、CO_2 吸附捕集技术及 CO_2 膜分离技术,并介绍了日本地球环境产业技术研究所(RITE)在 CO_2 捕集技术研究中开发的新型吸收剂、吸附剂以及应用于大规模排放源的前沿技术,为从各类气体中有效捕集 CO_2 提供了重要信息。

本书为对 CO_2 捕集与消除技术感兴趣的研究人员提供了宝贵的学习资料,可供从事 CO_2 捕集材料与技术研究的人员及高等院校相关专业师生参考使用。